第五届全国优秀科普作品奖
获奖证书

关庆利同志：

您主编的《海洋小百科全书》一书荣获第五届全国优秀科普作品奖科普图书类三等奖，特颁此证。

二〇〇三年九月

《海洋小百科全书》于2002年5月出版，2003年9月被中国共产党中央委员会宣传部、中国科学技术协会、中华人民共和国科学技术部、国家广播电影电视总局、中华人民共和国新闻出版总署、国家自然科学基金委员会、中国作家协会联合授予"第五届全国优秀科普作品奖科普图书类三等奖"。本书于2007年10月修订再版，现再次修订，由中山大学出版社出版。

《海洋小百科全书》荣获"第五届全国优秀科普作品奖"

海洋 小百科 全书

主 编 关庆利
副主编 丁玉柱 彭 垣

海洋生物

李 琳 袁玉红 编著

中山大学出版社
·广州·

版权所有　翻印必究

图书在版编目(CIP)数据

海洋生物/李琳,袁玉红编著.—广州:中山大学出版社,2012.1

(海洋小百科全书/关庆利主编)

ISBN 978-7-306-03567-7

Ⅰ.①海… Ⅱ.①李… ②袁… Ⅲ.①海洋生物-普及读物 Ⅳ.①Q178.53-49

中国版本图书馆 CIP 数据核字(2009)第 221844 号

出 版 人：	徐　劲
策划编辑：	蔡浩然
责任编辑：	蔡浩然
装帧设计：	杨桂荣　林绵华
责任校对：	张礼凤
责任技编：	何雅涛
出版发行：	中山大学出版社
电　　话：	编辑部 020-84111996, 84113349
	发行部 020-84111998, 84111981, 84111160
地　　址：	广州市新港西路 135 号
邮　　编：	510275　　传　真：020-84036565
网　　址：	http://www.zsup.com.cn　E-mail: zdcbs@mail.sysu.edu.cn
印 刷 者：	佛山市浩文彩色印刷有限公司
规　　格：	880mm×1230mm　1/32　9.25 印张　194 千字　4 插页
版次印次：	2012 年 1 月第 1 版
	2014 年 4 月第 4 次印刷
定　　价：	18.30 元

如发现本书因印装质量影响阅读,请与出版社发行部联系调换

海洋生物

马尾藻 ◀

帚毛虫 ▲

◀ 海底世界

◀ 角海葵

海兔 ▲

软珊瑚

梯螺 ▲

珊瑚礁鱼 ▲

寄居蟹 ▲

鹿角珊瑚 ▲

海洋生物

海笔 ▲

▲ 海星

▲ 绿海葵

海参 ▲

▲ 鹦鹉螺

▲ 龙虾的旅行

红珊瑚 ▲

► 扇贝

▲ 小发水母

◄ 海绵

序 言

海洋是人类的母亲,也是人类千万年来取之不尽、用之不竭的巨大资源宝库。在人类赖以生存的蓝色星球——地球上,蔚蓝色的海洋占有约71%的总面积。

雄踞在这颗蓝色星球的东方、浩瀚无垠的太平洋西岸上的中华人民共和国,不仅拥有960万平方千米的陆地国土,而且还拥有300万平方千米的海洋国土,有着1.8万千米绵延曲折的海岸线。在这浩瀚的蓝色国土上,珍珠般地镶嵌着大大小小6500多个美丽而富饶的岛屿。

勤劳勇敢的中华民族,在古代就凭着自己卓越的智慧和创造力,伐木成舟,劈波斩浪,牵星观月,远渡重洋,以举世瞩目的海洋文明跻身于世界航海强国的民族之林。

21世纪是海洋的世纪,21世纪的主人翁就是今天的青少年朋友。他们不仅是我国的未来和希望,而且必定是21世纪振兴经济和提升海洋科技的主力军。海洋将是青少年朋友报效祖国、振兴中华民族大显身手的辉煌舞台。只有帮助青少年及早地以科学的眼光认识世界的发展,科学地把握未来,早日加入到海洋开发建设的队伍中来,才能更好地发展我国的海洋经济,捍卫我国的海洋权益。未来是海洋的时代,只有让广大的青少年了解海洋、接近海洋、认识海洋,才能把握海洋、开发海洋、利用海洋和捍卫海洋权益,为祖国的海洋开发建设作贡献,为中华民族的子孙后代造福。为了提高中华民族的海洋文化素质,再铸中华民族海洋文明的辉煌,使我国成为21世纪的海洋强国,有识之士必须从现在做起,从青少年抓起,全面培养我国青少年的海洋意识,普及海洋科学知识,提高海洋科技技能,增强蓝色国土观念和捍卫海洋权益的责任感、使命感。从这个意义上说,在人类进入21世纪的伟大时代,在全球开始创造海洋经济的伟大时刻,在世界日益关注海洋权益的今天,出版这套经过缜密修订的全面、系统、科学地介绍海洋知识的《海洋小百科全书》,无疑是奉献给我国青少年朋友的一份珍贵礼物,是激发青少年的海洋兴趣、增长海洋知识、普及海洋文化、宣传海洋文明、提高海洋素质、促进海洋教育所做的一件功在当代、利在千秋的非常具有实践成就和指导意义的工作。

绚丽多姿的海洋召唤着青少年朋友们去探索和揭秘,无穷无尽的海洋宝藏等待着有志于海洋事业的青少年朋友们去开发和利用。这套图文并茂、深入浅出的《海洋小百科全书》,必将以丰富的知识性、深刻的思想性和高雅的趣味性,成为青少年朋友在蓝色海洋里成长、成才的良师益友。

祝愿青少年朋友读完这套书后能够早日成为大海的骄子,为把祖国建设成伟大的海洋经济强国和海洋科技强国贡献自己宝贵的青春和智慧。

国家海洋局局长: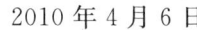

2010年4月6日

目 录

一、无限生机的海洋

1. 海洋有多辽阔? ……………………………………（2）
2. 海洋生物世界有多精彩? ……………………………（2）
3. 海洋生物有多少种类? ………………………………（4）
4. 海洋里真有"牧草"吗? ……………………………（6）
5. 为什么说海洋是生命的摇篮? ………………………（6）
6. 地球上最早的生命是什么? …………………………（7）
7. 复杂多样的海洋生物是怎样进化的? ………………（7）
8. 为什么说海洋也是人类祖先的诞生地? ……………（9）
9. 海洋生物具有哪些用途? ……………………………（10）
10. 海洋植物也会游泳吗? ……………………………（10）
11. 海洋无脊椎动物有哪些门类? ……………………（11）
12. 海洋脊椎动物有哪些门类? ………………………（12）
13. 奇异珍贵的海洋生物有哪些? ……………………（13）
14. 动物会开花吗? ……………………………………（14）
15. 珊瑚是植物还是动物? ……………………………（15）
16. 海鞘是植物还是动物? ……………………………（15）
17. 海洋鱼类的体型相似吗? …………………………（16）
18. 为什么说文昌鱼是鱼类的祖先? …………………（17）
19. 海洋动物是怎样运动的? …………………………（17）
20. 海洋无脊椎动物感觉器官有什么不同? …………（19）
21. 海洋动物是怎样呼吸的? …………………………（19）

22. 海洋动物是怎样猎食的？ ………………………… (20)
23. 海洋动物是怎样生殖的？ ………………………… (20)
24. 什么是海洋生物的共栖与共生？ ………………… (20)
25. 寄居蟹和海葵怎样合作？ ………………………… (22)
26. 海洋动植物间怎样密切配合？ …………………… (22)
27. 最小的海蟹是哪一种？ …………………………… (23)
28. 豆蟹和扇贝怎样共栖？ …………………………… (24)
29. 海洋动物怎样进行自卫？ ………………………… (24)
30. 近岸为什么会成为海洋生物的安乐窝？ ………… (25)
31. 大洋上层有哪些生物？ …………………………… (26)
32. 大洋中层的动物有什么特点？ …………………… (27)
33. 海底是不是在浮动？ ……………………………… (28)
34. 深海动物会变黑吗？ ……………………………… (28)
35. 深海动物嘴巴为什么会变大？ …………………… (29)
36. 深海里有哪些神秘的生物？ ……………………… (30)
37. 海洋生态间的界线是否分明？ …………………… (31)
38. 海洋浮游生物与光有什么依存关系？ …………… (32)
39. 海洋发光生物有多少种？ ………………………… (32)
40. 海洋生物为什么能够发光？ ……………………… (33)
41. 水温对海洋生物有什么影响？ …………………… (34)
42. 海洋生物可分为哪些类群？ ……………………… (34)
43. 哪些动物被称为底内动物？ ……………………… (35)
44. "海洋牧草"怎样喂养了大型动物？ ……………… (36)
45. 海洋中的食物链是怎样传递的？ ………………… (37)
46. 研究海洋食物链有什么意义？ …………………… (38)
47. 为什么说浮游植物是初级生产者？ ……………… (40)
48. 海洋生产力是如何划分的？ ……………………… (41)

海洋生物

二、迷人的海洋奇葩

49. 海绵是植物还是动物？ ………………………………（43）
50. 为什么说海绵是多姿多彩的？ ………………………（43）
51. 海绵是怎样保护小动物的？ …………………………（45）
52. 海绵是怎样进食的？ …………………………………（45）
53. 海绵有什么特殊功能？ ………………………………（46）
54. 海洋动物会"开花"吗？ ………………………………（47）
55. 腔肠动物有哪些特点？ ………………………………（48）
56. 漂浮水螅类动物有什么特点？ ………………………（49）
57. 为什么说腔肠动物是"海魔鬼"？ ……………………（50）
58. "海黄蜂"是什么动物？ ………………………………（50）
59. 水母和海蜇是什么形状的？ …………………………（51）
60. 海蜇毒素有何妙用？ …………………………………（52）
61. 海蜇是如何分布的？ …………………………………（52）
62. 海蜇靠什么来躲避天敌？ ……………………………（53）
63. 水母长着顺风耳吗？ …………………………………（54）
64. 僧帽水母是什么样子的动物？ ………………………（56）
65. 你知道"蓝瓶子"的毒性有多大吗？ …………………（57）
66. 什么动物不怕僧帽水母的凶器？ ……………………（58）
67. "海神湾"因何而来？ …………………………………（58）
68. 晶莹剔透的水母还有哪些逸闻趣事？ ………………（59）
69. "海菊花"是哪种动物？ ………………………………（60）
70. 海葵的"鲜花"是否有毒？ ……………………………（60）
71. 海葵什么鱼虾都能吃吗？ ……………………………（62）
72. 海葵怎样与寄居蟹合作？ ……………………………（63）

3

73. 海葵有什么经济价值? ………………………… (63)
74. 珊瑚身价有多高? ……………………………… (64)
75. 珊瑚动物主要有哪些种类? …………………… (64)
76. 珊瑚动物是否如花似玉? ……………………… (66)
77. 珊瑚有什么形态特点? ………………………… (67)
78. 珊瑚能治疗哪些疾病? ………………………… (68)
79. 珊瑚礁是由谁建造的? ………………………… (69)
80. 谁是海底花园的建设者? ……………………… (69)
81. 小小珊瑚虫有什么本领? ……………………… (70)
82. 珊瑚虫与虫黄藻怎样相依为命? ……………… (71)
83. 海水对珊瑚的生长有什么影响? ……………… (72)
84. 阳光对造礁珊瑚有什么影响? ………………… (73)
85. 珊瑚是怎样繁殖的? …………………………… (74)
86. 海流对珊瑚群体的形态有影响吗? …………… (74)
87. 石珊瑚的繁殖能力如何? ……………………… (75)
88. 珊瑚藻也是造礁"英雄"吗? …………………… (76)
89. 造礁生物有哪些"业绩"? ……………………… (77)
90. 珊瑚"大厦"里的"居民"怎样安家落户? ……… (77)
91. 珊瑚礁里有哪些"居民"? ……………………… (78)
92. 珊瑚群落的基本食物是什么? ………………… (78)
93. 珊瑚鱼的体色和花纹有何作用? ……………… (79)
94. 珊瑚礁里哪种植物生长最茂盛? ……………… (80)
95. 珊瑚岛上植物的种子是怎样传播来的? ……… (81)
96. 寄居蟹是虾还是蟹? …………………………… (81)
97. 珊瑚礁中生长着哪"四大家族"? ……………… (82)
98. 谁是珊瑚礁里暗藏的破坏者? ………………… (83)
99. 为什么大堡礁具有神话般的魅力? …………… (84)
100. 大堡礁为什么能吸引众多的海鸟? ………… (85)
101. 大堡礁有哪些珍稀动物? …………………… (85)

海洋生物

102. 珊瑚丛中的蓑鲉有什么毒门秘笈？ ………………… (86)
103. 大堡礁上的蝙蝠有多大？ ………………………… (87)
104. 大堡礁水下世界有多神奇？ ……………………… (87)
105. 大堡礁中哪种动物最美丽？ ……………………… (88)
106. 大堡礁是"和平世界"吗？ ………………………… (89)
107. 为什么说大堡礁是最诱人的海洋世界？ ………… (90)
108. 海洋棘皮动物怎样生活？ ………………………… (91)
109. 棘皮动物有什么体形特征？ ……………………… (92)
110. 海参有什么样的体态？ …………………………… (92)
111. 海参为什么夏季休眠？ …………………………… (93)
112. 海参为何食沙子？ ………………………………… (94)
113. 海参是怎样防身的？ ……………………………… (95)
114. 海参体内有何奥秘？ ……………………………… (96)
115. 海百合是"鲜花"吗？ ……………………………… (97)
116. 飘飘洒洒的羽星是动物吗？ ……………………… (98)
117. 海星有什么体态特征？ …………………………… (99)
118. 海星是如何行走的？ ……………………………… (100)
119. 海星有什么特异功能？ …………………………… (101)
120. 海星是怎样捕食的？ ……………………………… (102)
121. 你知道海星的种类及益处吗？ …………………… (103)
122. 海蛇尾是哪一类动物？ …………………………… (104)
123. 海胆的体形特征如何？ …………………………… (105)
124. 谁可称得上海洋中的"刺客"？ …………………… (106)
125. 哪里盛产海胆？ …………………………………… (107)
126. 海参都能吃吗？ …………………………………… (108)
127. 哪种海参的个头最大？ …………………………… (109)

三、璀璨的贝类明星

128. 贝类在海洋中是如何生活的？ …………… (111)
129. 海洋软体动物有哪些共性？ ……………… (112)
130. 人们是怎样给海洋软体动物分类的？ …… (113)
131. 海洋单壳软体动物有什么形体特征？ …… (114)
132. 海洋双壳软体动物有什么生活特征？ …… (114)
133. 鹦鹉螺、章鱼和乌贼属于哪个家族？ …… (115)
134. 鱿鱼和乌贼是近亲吗？ …………………… (116)
135. 鹦鹉螺有什么特殊之处？ ………………… (117)
136. "贝"字是怎么来的？ …………………… (118)
137. 海洋贝类有多少种？ ……………………… (119)
138. 海洋贝类的壳由多少块组成？ …………… (119)
139. 哪种海洋贝类家族最庞大？ ……………… (120)
140. 海洋贝类"外衣"的形态有多少种？ …… (121)
141. 贝壳的主要成分是什么？ ………………… (122)
142. 贝壳是怎样形成的？ ……………………… (123)
143. 为什么说贝壳是贝类的护身盾牌？ ……… (124)
144. 海洋贝类的生活类群如何划分？ ………… (124)
145. 海洋贝类是怎样运动的？ ………………… (125)
146. 谁是海洋中的小小"舞蹈家"？ ………… (126)
147. 我国养殖扇贝种类有多少？ ……………… (127)
148. 海洋贝类钻穴的本领有多大？ …………… (128)
149. 海洋贝类是怎样乘潮随浪的？ …………… (128)
150. 海洋贝类怎样与敌人搏斗？ ……………… (129)
151. 海洋贝类也有伪装的本领吗？ …………… (130)

152. 海兔会施放烟幕弹吗? ……………………… (131)
153. 海洋贝类怎样求生? ………………………… (131)
154. 贝类有哪些防身妙术? ……………………… (132)
155. 海洋贝类以什么为食? ……………………… (133)
156. 海洋贝类怎样摄食? ………………………… (134)
157. 贝类有哪些海味珍品? ……………………… (135)
158. 你知道海螺壳有多么漂亮吗? ……………… (136)
159. 贝壳的身价有多高? ………………………… (137)
160. 珍珠是怎样形成的? ………………………… (138)
161. 世界上最大的天然珍珠在哪里? …………… (138)
162. 珍珠妙用知多少? …………………………… (139)
163. 货贝有何特殊的使命? ……………………… (139)
164. 谁是海洋中的双壳贝类之王? ……………… (140)
165. 砗磲有什么样的生活特性? ………………… (142)
166. 牡蛎有哪些独特的生活习性? ……………… (143)
167. 牡蛎为什么有"海中牛奶"的美称? ………… (144)

168. "吐铁"是种什么动物? …………………… (145)
169. 海兔是哪种动物? …………………………… (145)
170. 小海兔是怎样保护自己的? ………………… (146)
171. 为什么说海兔是昼行夜伏的"闹钟"? ……… (147)
172. 海兔是怎样繁殖的? ………………………… (148)
173. 鲍鱼是贝还是鱼? …………………………… (149)
174. 鲍鱼是怎样生活的? ………………………… (150)
175. 鲍有何惊人之处? …………………………… (151)
176. 乌贼是鱼吗? ………………………………… (152)
177. 乌贼为什么被称为"海中火箭"? …………… (153)
178. 乌贼是怎样实现火箭式运动的? …………… (154)
179. 乌贼还有什么防身妙技? …………………… (155)
180. 如何分辨乌贼的喜怒哀乐? ………………… (155)

181. 谁敢与鲸鱼争雄？ …………………………… (156)
182. 传说中的海怪指的是哪种动物？ ………… (157)
183. 章鱼的腕有什么妙用？ …………………… (158)
184. 章鱼哪来的变色本领？ …………………… (159)
185. 章鱼有什么样的性格？ …………………… (160)
186. 章鱼也有爱心吗？ ………………………… (161)
187. 什么是毒贝？ ……………………………… (162)
188. 什么是贝毒？ ……………………………… (163)
189. 为什么海豆芽被称作活化石？ …………… (163)

四、威武的虾兵蟹将

190. 谁是古生代的霸主？ ……………………… (165)
191. 谁是节肢动物的元老？ …………………… (165)
192. 你知道世界上"眼神最好的动物"是哪一种？ … (166)
193. 鲎是哪一"房"的子孙？ …………………… (167)
194. 鲎与三叶虫有什么亲缘关系？ …………… (168)
195. 鲎的血液有什么与众不同之处？ ………… (169)
196. 鲎是怎样生儿育女的？ …………………… (170)
197. 鲎为啥有"海底鸳鸯"的美称？ …………… (170)
198. 鲎眼的奥秘在哪里？ ……………………… (171)
199. 甲壳动物有什么特征？ …………………… (172)
200. 甲壳动物是怎样生活的？ ………………… (173)
201. 虾和蟹同属于哪一家族？ ………………… (174)
202. 虾蟹脱盔换甲的奥秘在哪里？ …………… (174)
203. 虾蟹更换盔甲有什么作用？ ……………… (176)
204. 虾类家族主要有哪些种类？ ……………… (177)

海洋生物

205. 对虾是什么样子的? …………………………… (177)
206. 对虾为什么要洄游? …………………………… (178)
207. 中国对虾在何方云游? ………………………… (179)
208. 对虾是怎样生长发育的? ……………………… (180)
209. 对虾怎样安家落户? …………………………… (181)
210. 对虾也有"爱美之心"吗? …………………… (182)
211. 什么是龙虾? …………………………………… (182)
212. 世界上最大的鳌龙虾有多大? ………………… (183)
213. 龙虾是怎样生活的? …………………………… (184)
214. 龙虾为什么要排队旅行? ……………………… (185)
215. 哪种虾在扮演海洋医生的角色? ……………… (186)
216. 清洁虾为什么志愿行医? ……………………… (187)
217. 虾蛄担任的是什么"职业"? ………………… (188)
218. 虾中有没有真正的"伉俪"? ………………… (189)
219. 有趣的虾还有哪几种? ………………………… (189)

220. 寄居蟹是"螃蟹"吗? ………………………… (190)
221. 为什么说海葵是寄居蟹的保护伞? …………… (191)
222. 哪种寄居蟹最大? ……………………………… (192)
223. 奇形怪状的螃蟹分几大类? …………………… (193)
224. 螃蟹生活习性如何? …………………………… (194)
225. 螃蟹如何防身? ………………………………… (194)
226. 走蟹有哪些特征? ……………………………… (195)
227. 为什么说梭子蟹是游泳健将? ………………… (196)
228. 为什么说梭子蟹是脱壳专家? ………………… (197)
229. 什么蟹会挖洞? ………………………………… (198)
230. 共生蟹与谁结伴生活? ………………………… (199)
231. 梯形蟹是怎样安居的? ………………………… (200)
232. 海蟹是怎样造穴的? …………………………… (201)
233. 厚蟹的洞穴妙在何处? ………………………… (201)

9

234. 隐居蟹身藏何处？ ……………………………… (202)
235. 隐蔽蟹有哪些拟态法术？ ……………………… (202)
236. 招潮蟹有什么高超的生存本领？ ……………… (203)
237. 招潮蟹为什么能准确地掌握时间？ …………… (205)
238. 招潮蟹的生物钟可以调整吗？ ………………… (205)
239. 绿海蟹的生活有什么规律？ …………………… (206)
240. 螃蟹在海洋里怎样横行霸道？ ………………… (206)
241. 馒头蟹美在哪里？ ……………………………… (207)
242. 馒头蟹是怎样变成卵石模样的？ ……………… (208)
243. 珊瑚枝杈间藏有哪些美丽的小蟹？ …………… (209)
244. 珊瑚礁盘里有哪些奇形怪状的蟹类？ ………… (209)
245. 蜘蛛蟹有什么特殊本领？ ……………………… (211)
246. 红蟹的千军万马是怎样云集的？ ……………… (212)
247. 海里真有吃人蟹吗？ …………………………… (213)
248. 藤壶是什么动物？ ……………………………… (213)
249. 你知道藤壶在军事上曾有过的影响吗？ ……… (214)
250. 藤壶为什么能牢固地附着在物体上呢？ ……… (214)

五、微小的海洋居民

251. 微生物主要有哪些类型？ ……………………… (217)
252. 微生物有什么特殊本领？ ……………………… (217)
253. 怎样鉴别细菌？ ………………………………… (218)
254. 海洋微生物是怎样分布的？ …………………… (219)
255. 海洋细菌的生存有什么价值？ ………………… (220)
256. 海洋真菌有何进化意义？ ……………………… (221)
257. 你见过光芒四射的细菌吗？ …………………… (222)

海洋生物

258. 鱼虾的尸骨也会发光吗？ (222)
259. "细菌探测仪"是怎样设计出来的？ (223)
260. 细菌与雨雪有关系吗？ (224)
261. 非凡的生命在哪里？ (224)
262. 方型细菌是怎样形成的？ (225)
263. 细菌有磁性吗？ (226)
264. 海洋细菌怎样发电？ (227)
265. 细菌能成为采矿能手吗？ (227)
266. 死海里有生物存在吗？ (228)
267. 海底火山口生物有哪些独到之处？ (229)
268. "阿尔文"号观察到了哪些新生物？ (230)
269. 什么是原生动物？ (231)
270. 海洋丁丁虫属于哪个家族？ (232)
271. 有孔虫的身价有多高？ (233)
272. 谁是沧海桑田的物证？ (234)
273. 什么生物软泥分布于深海？ (235)
274. 放射虫有何重要作用？ (236)
275. 为什么放射虫能提供古温度变化的信息？ (237)
276. 什么动物是古海洋深浅的指示物？ (238)
277. 海面上的"赤潮之火"是怎样点燃的？ (239)
278. 赤潮有何危害？ (240)
279. 环节虫类动物是怎样运动的？ (241)
280. 沙蚕何时举行"群婚舞会"？ (242)
281. 沙蚕有什么经济价值？ (243)
282. 海洋龙介虫是怎样运动的？ (243)
283. 什么是箭虫？ (244)
284. 什么是扁虫？ (244)
285. 什么是星虫？ (245)
286. 什么是益虫？ (245)

11

287. 什么是多毛虫？ ··· (245)

六、多彩的海洋植物

288. 海洋植物主要有哪些家族？ ························· (247)
289. 藻类世界有多精彩？ ···································· (248)
290. 蓝藻会引发海面变色吗？ ···························· (249)
291. 海洋地衣多生长在什么地段？ ····················· (250)
292. 为什么说硅藻是能工巧匠？ ························ (250)
293. 人们怎样利用硅藻断案？ ···························· (251)
294. 夜光藻是怎样发光的？ ································ (252)
295. 麒麟菜有什么营养价值？ ···························· (253)
296. 藻类都是植物吗？ ······································· (254)
297. 麒鳞菜是怎样繁衍的？ ································ (255)
298. 浮游藻是天然牧草吗？ ································ (255)
299. 大鲸鱼吃什么？ ··· (256)
300. 绿潮有什么危害？ ······································· (256)
301. 底栖藻有多少种类？ ···································· (257)
302. 海中蔬菜知多少？ ······································· (259)
303. 裙带菜有什么妙用？ ···································· (260)
304. 紫菜有多少种？ ··· (260)
305. 紫菜是怎样繁殖的？ ···································· (261)
306. 紫菜培养分哪两个阶段？ ···························· (262)
307. 红藻喜欢在哪里生存？ ································ (263)
308. 螺旋藻属于哪一类？ ···································· (263)
309. 海底草场有什么重要作用？ ························ (264)
310. 巨藻是海洋植物之最吗？ ···························· (265)

311. 巨藻有什么用途? ……………………………… (267)
312. 红树林怎样在海浪中成长壮大? ……………… (268)
313. 红树是海岸卫士吗? …………………………… (269)
314. 红树林在海洋生态系统中有什么重要作用? … (270)
315. 红树林怎样繁殖? ……………………………… (270)
    编后记 ……………………………………………… (272)
    《海洋小百科全书》分类目录 ……………………… (274)

海洋生物

无限生机的海洋

1. 海洋有多辽阔?

地球上现有海洋面积为3.6亿平方千米,约占地球表面积的71%,为海洋生物接受太阳辐射和地球水汽循环提供了重要条件。海水总量约为13.7亿立方千米,约占地球总水量的97%。海洋最深处可达1.1万多米,如果将珠穆朗玛峰移进马里亚那海沟的最深处,峰顶距海面还有2000多米!真是地大不如海阔,山高不如水深。

"透视"海洋

我国的海岸线曲折绵长,众多的岛屿风光旖旎,在那万里海疆之中,有一个神奇的世界等待我们去认识,那里的生物千姿百态、奥妙无穷。让我们从海岸带开始,由浅入深地去游览和"透视"一下海洋,看一看这美丽富饶的水晶宫里居住的奇异和珍贵的生命吧!

2. 海洋生物世界有多精彩?

浩瀚的海洋是孕育生命的摇篮,它哺育着形形色色的海洋生物。退潮时,人们会看到岸礁上长满了藤壶、牡蛎,它们仿佛给保护海岸的卫士——岩石披上了一层盔甲,以抵挡凶猛的海浪冲击。还有那娇柔多姿、五颜六色的海葵点缀其间,当你用手触摸它时,它会立即向你喷射一股水流,并把自己的身子深深地缩回去。那么,海洋里还有些什么样的生物呢?

精彩瞬间

在这充满生机的海洋中,有闪闪发光的夜光虫,有身体晶莹透明、随波逐流的水母,有艳丽多姿的珊瑚,有五彩缤纷的海葵,有顶盔戴甲的虾蟹,有喷云吐雾的乌贼,有珍贵的海参和鹦鹉螺,也有千奇百怪的鱼类家族,还有古老的海龟和憨态可掬的海豹,更有聪明灵巧的海豚和硕大无比的巨鲸……它们共同生活在这熙熙攘攘的海洋大家庭里,组成光怪陆离的海洋动物大世界。海洋动物的体型和个体相差悬殊,既有几毫米的小小棘头虫类,也有长达33米、体重190吨的庞然大物蓝鲸。

在辽阔而富饶的海洋里,除了生活着形形色色的动物之外,还有种类繁多、婀娜多姿的海洋植物。有低等的藻类植物,还有我们常吃的海带、生长在海边的红树、在海面上飘飘洒洒的大叶藻。藻类植物的大小也极为悬殊,最小的单细胞藻类,人们只有在显微镜下才能看到它们,而最大的巨藻身长可达两三百米。海洋植物可以称得上是海洋大草原的肥美牧草,它们不仅是海洋中鱼、虾、蟹、贝、鲸等动物的美味佳肴,又是人类理想的绿色食品;它们不仅是藻胶工业和农业肥料的提供者,又是制造海洋药物的重要原料。

当人们在海岸边观光游览时,还会看到那里生长着多种生物:有绿色的石莼和浒苔,褐色的海带和裙带菜,红色的紫菜和石花菜,还有形状像羽毛的羽藻,细长似绳的绳藻等,可以说五颜六色,形状万千,无所不有。海洋中的生物种类繁多,尤其是海洋动物,它的种类远远超过陆地上和淡水中的动物种类。

3. 海洋生物有多少种类?

在海洋广阔的环境里,光线、温度、压力、盐度、水流、潮汐和波浪的变化创造出不同的区域,每个区域都有它独特的生物。

海洋生物

海洋中的生物

那么,海洋生物有多少种类呢?在辽阔的海洋中生长着20多万种生物,最新的国外资料中称有50万种之多!其中,最低级的是海洋植物(主要是浮游植物),其次是以这些植物为食的动物(食植动物),再次是捕食这些动物的动物(食肉动物),从而形成一个完整的食物链,维持着海洋生态的平衡,这就是人们常说的海洋生物资源。

4. 海洋里真有"牧草"吗?

如果从大海里取一滴水,把它放在显微镜下观察,你会看到许多单细胞海藻。有的细胞外面有两瓣由硅质组成的硬壳,这是硅藻;有的细胞长着两根细长的鞭毛,在水中游来游去,这多半是甲藻。别看它们小,但数量十分惊人。据估算,它们占据着海洋植物总量的95%左右,广泛分布在占地球面积三分之二的海洋上,每年通过光合作用制造的有机物约等于陆地植物的总产量。

这些无名"隐士"供养着几千亿吨级的海洋动物,它们是真正的海洋"牧草"。地球上最大的植物——巨藻也生活在海洋中,它的长度有200米~300米呢。一些较大的海藻还是人们喜食的珍贵食品。奇怪的是,许多海洋动物并不吃这些茂盛的"海洋牧草"。

5. 为什么说海洋是生命的摇篮?

众所周知,水是生物的重要组成部分,许多动物组织的含水量在80%以上。海洋中水母体内的含水量更高达95%!水是新陈代谢的重要媒介,没有水,生物体内的一系列生物化学反应就无法进行,生命也就停止了。因此,在短时期内动物缺水要比缺少食物更危险。由此可见,水是生命之源。

水本身就是一种良好的溶剂,而海水中又含有许多生命成长所必需的无机盐,如氯化钠、氯化钾、碳酸盐、磷酸盐和硝酸盐等等,还有溶解的氧气,原始生命可以在这里轻松地吸取到它们成长所需要的元素。

海水具有很高的热容性,再加上它水体浩大,任凭夏季烈日曝晒,冬季寒风凛冽,海水的温度变化也要比空气和陆地的温度变化小得多。因此,巨大的海洋就像是天然的"温箱",成为孕育原始生命的"温床"。

阳光虽然为生命所必需,但是阳光的紫外线却有扼杀原始生命的危险,而水却能有效地吸收紫外线,因而又为原始生命的生长和繁衍提供了天然的"屏障"。

这一切都是原始生命得以产生和发展的必要条件,因此,生命就在这无垠的大海中诞生、成长、发展、进化,最终爬上陆地、飞上天空,散布在地球的各个角落。所以说,海洋是地球生命不折不扣的摇篮。

6. 地球上最早的生命是什么?

人们在澳大利亚已找到了距今约35亿年的蓝藻化石——叠层石,这种化石告诉我们,在35亿年前的地球上已经有生命存在了,它就是海洋中的蓝藻。蓝藻的个体极小,它们不具备细胞核膜、线粒体和收缩性液泡,是低等的原始生命体。它们以无性细胞分裂生殖繁衍,个体仅有头发丝的百分之几。蓝藻的适应力极强,在动荡不定的海洋潮间带,在阳光明媚的海面,在黑暗缺氧的海底,在酷热的赤道海域,在冰天雪地的极地,到处都可以发现蓝藻的踪迹。蓝藻,是迄今为止人们发现的地球上最古老的生物了。

7. 复杂多样的海洋生物是怎样进化的?

海洋生物包括海洋植物和海洋动物,它们是循着不同的路线各自演化的。

海洋植物是怎样演化而来的呢?那是在原始生命诞

生以后,大约又经过1亿年的进化,原始生命才开始利用太阳光的能量,把各种无机物合成自己需要的有机物,行使独立自主的生活方式。至此,原始细胞已演变成原始的单细胞藻类。单细胞的藻类和细菌又经过十几亿年的

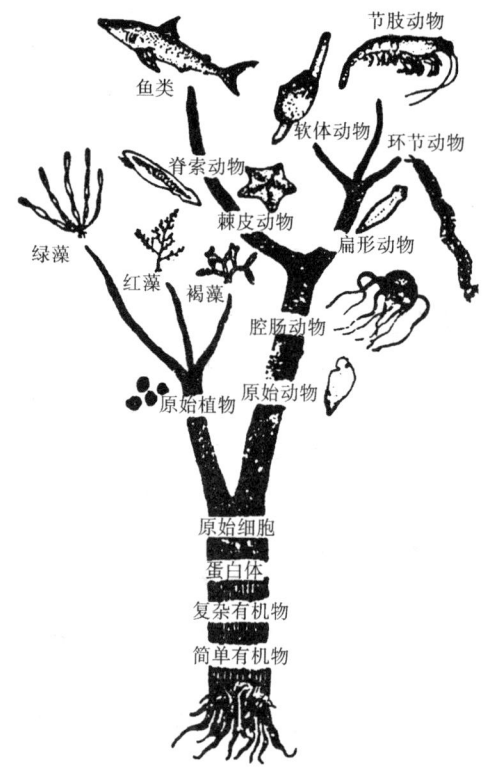

海洋生物的进化

演化,才开始出现多细胞的藻类和单细胞的原生动物。此时的藻类已有了叶绿素,可以依靠光合作用,吸收二氧化碳,排出氧气。原始藻类再进一步演变,便形成了种类繁多的海洋植物了。

那么,海洋动物又是怎样进化的呢?据推测,早在6亿年前的古生代初期,海藻释放的氧气量每年就可达3000亿吨,氧气是藻类在合成有机物过程中释放出来的副产品。藻类的诞生不仅为海洋动物准备了食粮,而且为它们准备了呼吸所必需的氧气。有了足够的氧气之后,属于古生代的多种水生无脊椎动物便开始出现了,从此生物进入了崭新的发展阶段,像鱼类这样比较高等的动物——脊椎动物形成了,生命开始向更高级的方向发展。

8. 为什么说海洋也是人类祖先的诞生地?

人类的祖先哺乳动物是在陆地上进化而成的,但是,追根溯源,人类远古的祖先却生活在海洋里!原来,随着海洋生物的不断进化,大约在5亿年前的寒武纪,多细胞无脊椎动物中已出现了海绵动物、腔肠动物、环节动物、节肢动物、软体动物等。原始的节肢动物三叶虫曾遍布整个海洋,兴盛达1亿年之久。到了3.5亿年前的泥盆纪,全盛的鱼类时代已经到来,进化中的总鳍鱼就登上了陆地;进而两栖类动物开始徘徊于水陆之间,向更高的形态发展;再后来,爬行类在与大自然的搏斗中诞生了,其中脊椎动物有一部分在更大程度上摆脱了对水的依赖;爬行动物进一步进化便出现了哺乳类和鸟类;哺乳动物中的猿,经过漫长的进化,最终就进化成了人类。

由此可见,海洋孕育了包括人类在内的万物生灵,海洋是地球上的一切生命之母。假如地球上没有海洋,地球将会同月球一样,白天酷热,夜晚奇冷,也就不会有生命和人类的存在了。

9. 海洋生物具有哪些用途？

人们都知道海洋孕育着丰富的宝藏,自古以来人们就向往着到碧蓝的大海中寻找幸福,到晶莹的海洋龙宫里探索奥秘,去开发她那丰富的物产。可你知道吗？海洋生物还具有特殊的生理机能和生化特点,如海洋鱼类和哺乳类的游泳能力、回声定位和体温的调节能力等,这已成为海洋仿生学的重要研究内容。

海洋生物也是人类食品的重要来源,现在可以供食用的海洋藻类就有近百种,如海带、紫菜等;可供食用的海洋动物种类就更多了,如鱼、虾、鲍鱼、海参等都是大家熟悉的美味佳肴。珍珠、红珊瑚、角珊瑚等众多的海洋生物,是名贵的装饰品和工艺原料,不少海洋生物还具有十分珍贵的观赏价值。海洋生物还是轻工业和制药业的重要原料。

海洋生物资源不同于陆地上的矿物资源,用一点就少一点。海洋生物资源除了个别种类繁殖较慢外,绝大部分具有相当快的繁殖速度,每年都自然地大量再生。但是,由于近年来人类过度的捕捞和海洋污染,海洋生物资源普遍出现了下降趋势,有的还面临枯竭和灭绝的危险！因此,在开发利用海洋资源时,我们要注意合理保护,这样海洋才真正是一个取之不尽、用之不竭的天然生物资源宝库！

10. 海洋植物也会游泳吗？

我们知道,植物里有不少运动能手:花生叶朝开夜

闭,含羞草稍一被触动就会"害羞"地垂下叶片,猪笼草和捕蝇草还会"捕捉"苍蝇! 但是,真正会动的植物还是那些生活在海水里的单细胞藻类。

观察微小的海藻时,需用显微镜才能看出它的原形。它们有的像车轮,有的像小箱子,有的像糖葫芦。它们没有根、茎、叶,体态轻盈,随波逐流,在辽阔的海洋里,凡有光线的地方,到处都有它们的足迹,它们的名字就叫浮游藻。还有一些底栖藻,它们种类更多,体形和肤色也多种多样,如生长在海底的海带、紫菜、鹿角菜、裙带菜、马尾藻、褐藻等,构成了五彩缤纷的海底森林。海藻的固着能力是惊人的,惊涛骇浪能击碎码头和防波堤,而这些柔软的海藻却任凭风吹浪打,完好如故。

许多单细胞藻类都长着一根到几根细长的鞭毛,利用鞭毛来回不停地摆动,这些藻类便可在水里缓慢游动。它们可以前进、后退、向左、向右,甚至还能像芭蕾舞演员那样在原地打转! 这些单细胞植物的行为十分像动物,可是它们和高等植物一样,阳光和肥料就是生活的必需! 像海带这类大型的海洋植物显然是不会运动的,但是,在它们生活周期中的某个阶段,却是异常活泼的游泳者。它们就是由成熟的海带产生,并用来传宗接代的"游孢子",这种"游孢子"借着两根鞭毛,会在水中游来荡去,寻找适合它们定居的场所。

11. 海洋无脊椎动物有哪些门类?

海洋动物分布非常广泛,从赤道到两极海域,从海面到海底深处都有它们的身影。

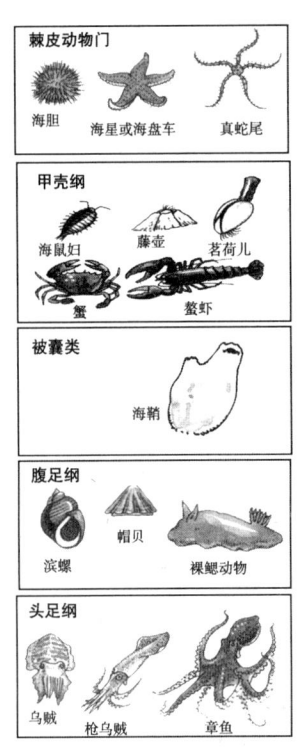

海洋无脊椎动物门类

在这些动物中,海洋无脊椎动物数目种类最为繁多,占海洋动物的绝大部分,是海洋动物世界中最主要的成员。它们的主要门类有:原生动物、海绵动物、腔肠动物、环节动物、软体动物、节肢动物、棘皮动物等。

12. 海洋脊椎动物有哪些门类?

海洋脊椎动物虽然种类数目比海洋无脊椎动物少,但它却代表着海洋生物进化的水平。它包括海洋中的鱼类、爬行类、鸟类和哺乳类动物。海洋鱼类有圆口纲、软骨鱼纲和硬骨鱼纲。海洋爬行动物有棱皮龟科,如棱皮龟;海龟科,如龟和玳瑁;海蛇科,如青环海蛇和青灰海蛇等。海洋鸟类的种类并不多,共占世界鸟类种数的0.02%,如海燕、海鸥、信天翁、军舰鸟和海雀等都是典型的海洋鸟类。分布在我国的海洋鸟类约有20种,它们一部分为留鸟,大部分为候鸟。海洋的哺乳动物包括鲸目、鳍脚目和海牛目等。

脊椎动物

13. 奇异珍贵的海洋生物有哪些?

海洋中有壳动物的品种繁多,如大家都知道的虾、蟹,它们种类繁多,披盔戴甲,如对虾、毛虾、龙虾、磷虾、梭子蟹、青蟹、鲎等,较引人注目的南极磷虾也蕴藏极为丰富。贝类是古老的海洋资源,每个海区都有它们的足迹。它们一个个都身披藏身的外壳,活动时头脚伸出壳外,一旦遇到危险便缩回壳内。贝壳的形状有的像扇子,有的像马蹄,有的像螺丝,形态万千。因为它们的形状独特,花纹美丽,光泽丰润,色彩鲜艳,所以贝壳往往又是人们喜爱的观赏品和珍贵的装饰品。

再让我们来数一数奇异多姿的动物还有哪些吧。在热带海区里生长着成千上万美丽的珊瑚,它们建造了千百个珊瑚岛、珊瑚礁,堪称能工巧匠;在浅海底,鲜艳的珊瑚丛永不凋谢,五彩缤纷的热带鱼多姿多态地遨游其间,虾、蟹也自由自在地来此觅食,当它们想欺负"刺猬"般的海胆时,海胆还会喷出毒液,弄得它们晕头转向;还有那透明的水母,形状像降落伞一样随波漂荡,艳丽极了! 别看它没有骨头,没有刺,但它那胡子般的软体丝,却能分泌出特殊的黏液,人体若碰到它,轻则痛痒,重则致命。

14. 动物会开花吗?

在海底的岩石上,常可看到一种艳丽夺目的"鲜花"——海葵,那洁白如玉或鲜红似火的"花瓣",会向四周怒放,令人赞叹不已。可它真的是生长在海底的葵花吗? 其实,海葵是一种腔肠动物,它和我们常吃的海蜇是近亲。它那貌似娇嫩的"花瓣"是用来捕捉食物的触手,若是没有经验的小动物碰到它的触手,它会射出一根根有毒的刺丝,刺

海葵"花瓣"

得小动物浑身麻木,这时,海葵便可轻而易举地将其吞食掉了。

15. 珊瑚是植物还是动物?

在热带海洋中生长着的美丽珊瑚有6000多种。在这些如花似锦的珊瑚丛中,有能够分泌骨骼的石珊瑚;有看似一簇簇伞状小黄花,却能够分泌骨针的软珊瑚;有根本就没有骨骼的海葵;还有貌似树枝的鹿角珊瑚;其中贵如珍宝的当数红珊瑚了。

美丽的珊瑚礁看起来极像一个奇异动人的花园,它的颜色鲜艳夺目,样子又如灌木丛一般,上面甚至还寄居着黑蛄蝓和蜗牛,难怪自古以来人们都把珊瑚当作植物!直到18世纪中期,法国生物学家佩桑内尔经历了长达10年的研究,才确认它是动物。

其实,珊瑚是一种比较高级的腔肠动物。在动物分类上是根据它们的触手数、隔膜的对数或隔片数来划分的,现代海洋中能够见到的多半是六射珊瑚和八射珊瑚。即使在今天,初次见到珊瑚丛的人,还很可能认为它是"海底森林"!像这样貌似植物又不会游泳的动物,在海洋里是屡见不鲜的。动物不见得都会"动",植物也不一定不"动"。不过,早期的科学家以为珊瑚是植物,也并不是完全错误的,因为硬珊瑚的身体有一半以上是由植物组成,珊瑚礁也不仅仅是动物新陈代谢的产物。

16. 海鞘是植物还是动物?

海鞘形状很像植物,有的像茄子,有的似花朵,还有的像海绵。它的外形很像茶壶,身体的颈部有一个入水管孔,类似于茶壶的壶口;侧面有一个出水管孔,类似于壶嘴。若用手指触动海鞘,它就会从出水管孔中射出一股强有力的水流,然后就由原来的挺立状态变为绵软而倒伏。

海鞘是一种靠固着生活的动物,体外被一层类似植物纤维素的被囊像鞘一样套着,使身体得到保护和维持一定的形状。这是动物界独一无二的一种现象,海鞘也就因此得名了。它通过入、出水管孔不断地从外界吸入水和从体内排出水,由鳃摄取水中的氧气,由肠道摄取水中的微小生物作为食物。海鞘是一种从无脊椎动物到脊椎动物的过渡种类,是一种较原始的尾索动物。

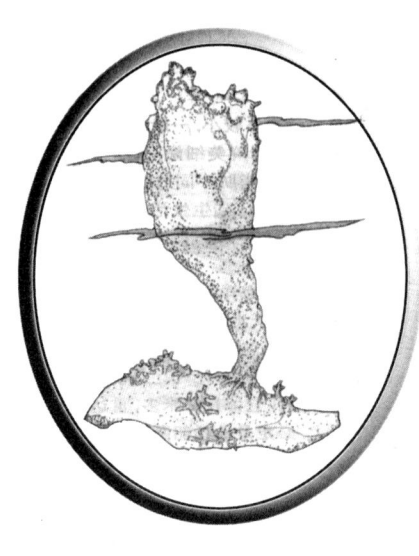

海鞘

17. 海洋鱼类的体型相似吗?

鱼类是海洋动物世界中的大家族。海洋中的鱼类种类繁多,体型也千姿百态,绚丽多彩,绝非千篇一律。有的鱼体型好似鱼雷,有很好的流线型;有的扁平像油饼,有的长线形像条蛇,有的圆乎乎就像个气球。这些不同的体型与它们的生活条件和环境有着密切关系。深水中有不少鱼类还能够自己发光,那蓝、红、绿、紫色五彩缤纷,鲜艳夺目,宛如节日的焰火一样。

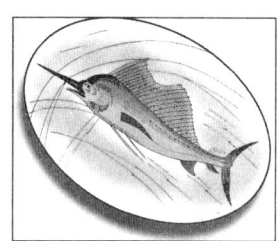

海洋鱼类的体型

18. 为什么说文昌鱼是鱼类的祖先?

文昌鱼是鱼类的祖先,因为它比无脊椎动物要高一等,而比通常的鱼类又原始得多,介于海鞘与最原始的鱼形脊椎动物——无颌鱼之间,属于原索动物。它是一种身体细长、形似鳗鲡的动物,它只有几厘米长,两端尖细,仅有一个眼点,怕强光。因此,文昌鱼白天躲在沙中,只露出口来吸水,因口缘生有须状的触须,它可以自水中滤食食物微粒。夜晚,它像鱼一样活动着身体,在水中游来游去。由于没有胸鳍、背鳍,无法在水中使身体平衡。因此,它只能借助肌节的收缩,不断扭动身体和尾巴,像泥鳅一样迅速向前"弹动"。

19. 海洋动物是怎样运动的?

如果你有幸在风和日丽的时候乘船在海上观光,会看到晴空万里,海面水波不兴。不过,你可千万别以为水下也是这样平静。此时,海面下可是个异常活跃的世界,大大小小的海洋动物正在热热闹闹地聚会呢!

不同的海洋动物有不同的运动器官,它们有腿、鳍、足、鳍状肢、吸盘、拂动的细小纤毛以及像小鞭子似的鞭毛。它们的运动方式有游泳、漂浮、漂流、钻洞、挖穴、行走、爬行或在岩石上攀缘,真是奇妙多姿。水下动物的运动方式是仿生学的研究对象,对工程师和设计师们的工作很有启发性。

海洋动物的运动方式各有特色,小动物如扁虫能用纤毛自由地在植物和岩石上走动;海蛞蝓依靠紧缩腹部扁平的足状肌肉向前滑行;水母的运动方式与此相似,是靠收缩它那钟形身体的边缘,喷射出水流推动自己前进;蛤钻入泥沙的方法是把一只足插入海底软的泥或沙中,足尖跟着继续扩张使蛤定住,然后收短这只足,就将蛤向前拉到一个新的位置;扇贝可以猛然合上双壳,靠以此造成水的喷流使自身在水中前进;乌贼能用鳍游泳,也能从自己体内的水管中猛射出一股水流,像龙虾那样急速倒退以避开敌人;龙虾和对虾比水重,必须在海底行走,它们也能突然轻弹腹部而迅速倒退;海星各个臂的底侧列生着茎状管足,足端是小吸盘,这些足总在慢慢地活动,不时伸出探索,然后缩回,海星就这样潜伏在海底不断地运动;海胆在海底用微小的管足曳行时,以刺作械杆;鱼的身体是流线型的,可以在水中自由穿梭,飞鱼还可以展开翅膀一般的鳍,跃出水面,在水上作短距离的滑翔。

20. 海洋无脊椎动物感觉器官有什么不同?

海洋无脊椎动物的感觉能力如何?它们又是怎样觉察环境情况变化的?许多无脊椎动物只有非常简单的眼睛,这种眼睛仅由一个或多个感光细胞组成。其他一些无脊椎动物的身体上无明显的眼点,只具有感光体,用来区分有没有光线,找出适合它们生存的或明或暗的水层。涡虫的两个凹处只有黑色素沉积,接受光之后便给脑部发出信息。某些甲壳动物视觉较为敏锐,它们的眼睛长在柄上。其中以扇贝的眼睛最多,它们长在肉质套膜边缘上,多达近百个,亮得像钻石。在无脊椎动物中视觉最敏锐的是乌贼和章鱼,它们的眼睛极像人眼,既有瞳孔,也有虹膜和晶体。

无脊椎动物的其他感觉器官包括触觉细胞和化学感受器,往往都位于须、刺毛和触手里。蟹、虾和其他甲壳动物的触角中都有易于感受水流中的化学物质,并具有触觉的神经末梢。水母和甲壳动物体内有一个小圆形的结构,内含白垩状物质的颗粒,能使它们身体在失去平衡时及时察觉,并及时进行纠正。

21. 海洋动物是怎样呼吸的?

世界上的动物要想生存,都必须吸入氧气和排出二氧化碳,生活在海洋中的动物也不例外。蠕虫、甲壳动物、软体动物和鱼,它们多数是用鳃从水中吸取氧气:水先被吸入口中,然后通过鳃室,由含血丰富的鳃丝抽取氧,最后从头两侧鳃裂开口的地方排出。而生活在海水中的鲸、海豹、龟等动物,它们用肺直接从空气中吸取氧气,吸进的空气在肺内进入一个闭合的管道系统,在那里换气,然后排出。

22. 海洋动物是怎样猎食的?

俗话说:大鱼吃小鱼,小鱼吃虾米。吃是海洋动物的主要活动之一。吃和被吃之间存在着一系列的联系环节,这就叫作食物链。滤食的蛤是把水中的微小生物滤到壳里;海参是用它口边长着的纤柔、黏性的触手诱捕小生物,然后把它们送进口里;海葵能伸出有螫刺的触手,螫死猎物后美餐一顿;水母和珊瑚也用触手螫捕猎物;海星以强有力的臂来扳开蛤和扇贝的壳;章鱼则用触手上强大的吸盘吸取猎物。

23. 海洋动物是怎样生殖的?

海洋动物种类繁多,它们繁殖后代的方式也千奇百怪、五花八门,但总体上可以归为:最简单的生殖方式是分裂生殖,即从一个变成两个完全相同的新个体,如变形虫的生殖就是单纯地一分为二;另一种生殖方式叫作芽生,如水螅体上可先长出一个芽状小体,逐渐再长成小型成体,最终会与母体脱离而独自生活,珊瑚也采取这种生殖方式,但它是新旧成体保持相连,形成一个大的群体;还有海蠕虫,它先从尾端芽生出一连串的幼虫,一个接一个的像条锁链,待长到一定大小后才一一脱落下来。大多数较高等的海洋动物都是靠有性生殖来传宗接代的。

24. 什么是海洋生物的共栖与共生?

一种动物和其他动物以及植物之间具有重要的关

系。如果两种生物几乎总是在一起生存,并且只有其中一方是受益者时,人们把这种关系称为共栖。寄生就是一种共栖,其中只有被称为寄生物的那一方从这种关系中受惠。海洋中寄生现象很常见,鱼类体外有虱之类的寄生物附在鳃上吸血,体内终生都有蠕虫之类的寄生物。

在生物界,双方通过一起生存都得到益处的,叫作共生。例如,海洋中小丑鱼和海葵生活在一起,它们共同分享食物,小丑鱼还用它的鲜艳色彩把其他鱼引诱到寄主海葵那里。海葵则替小丑鱼清除身上的小寄生物,并以有螫刺的触手保护小丑鱼来作为报答,那些触手螫到别的鱼身上时会使那些鱼出现中毒现象。

25. 寄居蟹和海葵怎样合作?

寄居蟹和海葵是一对合作互助的共栖伙伴。由于寄居蟹的头胸甲较窄,不能把自己柔软的腹部包住。为了保护自己,它只能钻到软体动物的螺壳里去,而把头胸甲和一对大螯露在外面,并伸出前面两对细长的步足来爬行,再去寻找一种合适的海葵,将其安放在螺壳的入口处,为自己站岗放哨。

充当了卫士的海葵可用有毒的触手去螫那些胆敢侵犯它们的所有动物,因此寄居蟹也可从中获得保护。寄居蟹则能背起行动不便的海葵,四处游荡,共同觅食,有福同享。由于海葵如同珊瑚一样,不能移动,它们很容易被细砂、生物残骸和自身的排泄物所埋没,它需要有流动的活水。自从与寄居蟹结伴后,海葵获得了更多的捕食机会,同时还能够更快地更换"肚子"里的水。

寄居蟹和海葵

寄居蟹又是一位相当义气的伙伴,随着它的生长,肢体变大,当它需要更换"旧居",去寻找一个更大的"住宅"时,它总是忘不了带上自己的伙伴,去寻找新的生活。

26. 海洋动植物间怎样密切配合?

让我们先来观察一下海葵虾与海葵之间在生活中的默契吧。你看那海葵虾的两只大螯各自夹着一只红海葵,整天东游西荡,一遇到危险,它会立即提起红海葵面对敌人;而红海葵便会把有毒的触手对着入侵者,以防外来者的袭击。这样,海葵虾可以放心地到处觅食,不必为安全而担忧;而海葵只要收集海葵虾吃剩的残肴就足以饱腹了。

珊瑚鳟通常是摆出某个姿态示意,或是自行到"清洁站"去,让担任清洁工作的隆头鱼替它们除去身上的寄生物以及细菌。如果不经过这种修整,它们到头来就可能会被寄生物杀死。而这些"清洁工"就是靠这些寄生物和细菌为生。

海洋中许多动物和植物之间的合伙关系也是极为密切的,离了对方谁都不能生存下去。例如,某些珊瑚和海藻便有这样的关系,珊瑚排出的二氧化碳和无机盐被海藻用来制成了糖和氧气,而这两种物质是珊瑚生存中不可缺少的。

27. 最小的海蟹是哪一种?

在波涛汹涌的海浪下面,生活着一种奇妙的海蟹,它的形状如大豆,颜色浅黄,主要生活在浅海,个头极小,一般只有几毫米长,大的也不超过1厘米,最小的只有米粒般大小,它就是豆蟹。在海洋里豆蟹可算是最小的海蟹了。

由于豆蟹体形小,捕食和御敌的本领都很差,因此,常常要寻找自己的"保护伞"。它们常和水母、海葵、海绵、多毛类、贝类和棘皮动物共栖或共生。豆蟹寻找的贝类"保护伞"中有牡蛎、江瑶、扇贝等10多种,但因为豆蟹常要损害它们的鳃、外套膜、卵巢和消化腺等,因此"关系"有些别扭,并不太和睦。然而,豆蟹和扇贝能配合默契,互利互惠,相处得很好。

28. 豆蟹和扇贝怎样共栖？

扇贝的外形像一把打开的折扇，恰好成为豆蟹的"保护伞"。每当扇贝张开贝壳时，豆蟹就会趁机寻找微小生物或有机碎屑来充饥。当强敌向扇贝袭击时，机警的豆蟹会立即搅动扇贝的软体，扇贝就会迅速关闭贝壳，转危为安。在贝壳闭合时，豆蟹栖于扇贝体内，便以其粪便为食。

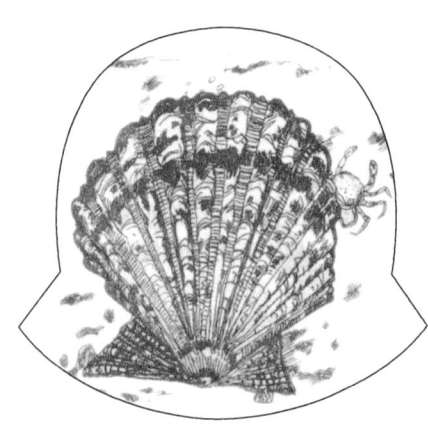

豆蟹和扇贝

豆蟹往往也充当着扇贝天然卫士的角色。在海洋里，扇贝的天敌是红螺，红螺能分泌一种黄色带辣味的毒液，用来麻痹扇贝的闭壳肌，使它的双壳久久不能合拢，继而再把扇贝的肉慢慢地吃掉。每逢这时，豆蟹便会勇敢地扬起双螯将红螺赶走，于是扇贝得以慢慢地从麻痹中复苏过来。如此看来，豆蟹与扇贝的生命休戚相关，在生活中可算是一对配合默契的共栖伙伴了。

29. 海洋动物怎样进行自卫？

海洋表面看似祥和、平静，实际上也是一个弱肉强食的世界。海洋动物在生存过程中，有时需隐蔽自己，避开天敌，采用种种方法来伪装自己。例如，有些动物就是藏在泥、沙、石头、植物或其他动物之间,变化出与周围环境相配的肤色或斑纹,使自身与背景相混杂,以躲过敌害。

有些海洋动物则不得不依靠群集或具备刺、牙齿、螯、触手

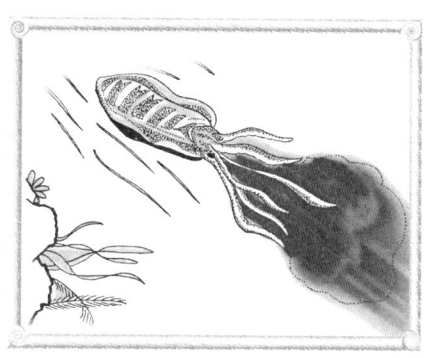

乌鱼的自卫

和鳞甲等保护性结构来进行自卫。与陆上生物一样,海洋动物的雄性往往要承担防守自己的地盘的责任,为了争夺食物和确保子女的安全,它们不但要提防天然敌害,还要提防同一种类的其他雄性,这就叫作"占有领域行为"。当发现敌人靠近时,雄性往往呈现出鲜艳而异常的颜色,做出一些恫吓性的动作,显得气势汹汹,以威吓警告其他雄性不得靠近。例如,当招潮蟹发现敌人时,常常会舞动一大一小的双螯,朝着空中高举起大螯进行示威。

雄性招潮蟹在地盘之间的界线上打架,一般并不会造成重创,因为被打败的一方常会一走了之。不过,斗鱼则是个例外,它以守巢凶猛而出名。如果把两条斗鱼放在一个狭小的、无退路的地方,它们可能会斗到一死方休。

30. 近岸为什么会成为海洋生物的安乐窝?

从海岸线开始,陆地逐渐向海洋延伸,形成坡度较小的浅海底,人们把这里称为"大陆架"。如果海底逐渐变得陡峭起来,以较大的坡度向深海倾斜,这部分海底被称

为"大陆坡"。"大陆坡"又与缓慢倾斜的"大陆隆"衔接,越过"大陆隆"便是广阔的"深海平原"。

而在生态区域的划分上通常把海洋分成两大部分:"大陆架"所对应的浅海区(水深 0 米～200 米),称为沿岸区或近海区;"大陆坡"往外的广阔海域,称为大洋区。生活在近海区和大洋区的生物也分别称为近海生物和大洋生物。

海洋是那样的辽阔,为什么偏偏把近海称为海洋生物的安乐窝呢?

首先,由于近海区与陆地毗邻,奔腾的江河从陆地带来了丰富的营养盐和有机物。这里水质肥沃,藻类生长茂盛,为海洋动物提供了充裕的食粮;其次,近海区既有明岛,又有暗礁,地形比较复杂,适合海洋动物"安居乐业",繁衍生息,再加上大型藻类的生长繁殖使近海区成了景色秀丽的"海底花园",为海洋动物提供了优美而安乐的定居环境,生物怎么会不喜欢这样的安乐窝呢?有人说海洋动物会"欣赏"海底景色,这并不荒诞无稽。实践证明,只要在一些地势平坦、景色单调的贫鱼区建造一些人工鱼礁,就能招引鱼虾定居下来,渔业产量就会显著提高。

31. 大洋上层有哪些生物?

海洋科学家们通常把从洋面到 200 米深的水层,称为大洋上层。这里的主要特点是阳光比较充足,因此又被称为有光层。大洋上层是海洋生物生长最旺盛的地方,这里既有单细胞藻类,也有从原生动物到鱼类、鲸类的各种动物。

由于藻类进行光合作用需要足够的阳光,所以它们常常生活在靠近海洋表面几十米深的水层中。这些单细胞藻类不仅养活了大洋上层的种种动物,而且供养着大洋中层、半深海和深海层的动物。

在热带地区,大洋上层的浮游动物都是鲜蓝色的,它们体内含有一种蓝色的类胡萝卜素蛋白,这是一种很好的保护色。鲜蓝色的身体淹没在蔚蓝色的海水之中,不易被其他动物发现。其他海区的浮游动物大多是透明或半透明的,如果把它们放在玻璃器皿中,乍一看很难发现它们的存在。

大洋上层除了鱼类外,还有一些乌贼、虾、磷虾等无脊椎动物资源,其中以南极的磷虾最引人注目,它常生活在50米～80米深的水层中。据统计,南极磷虾的产量可达1亿吨以上。虾是须鲸的主要食物,冬去春来,在赤道南面暖水区越冬的须鲸就开始向南极挺进,为了觅食营养丰富的磷虾,它们每年要长途跋涉几千千米。

32. 大洋中层的动物有什么特点?

200米～1000米深的水层称为大洋中层。当日光经过大洋上层后,光谱的两端即红、黄光和青、紫光已被吸收殆尽,只有少量的蓝光到达这里,因此,大洋中层又被称为微光层。

大洋上层的浮游动物都是鲜蓝色的,但大洋中层的浮游动物可就都披上了红色的"外衣"。这里有红色的水母,微红的纽虫,全红色或带红点的桡足类,大红或橙红的介形类,深红的虾等。我们知道,红色的物体是吸收蓝光的,当红色的浮游动物吸收蓝光后,实际上在海水中它的身体就变成为黑色的。因此,大洋中层动物的红色"外衣",也是一种很好的保护色。大洋中层的鱼类比上层少,主要有灯笼鱼、圆罩鱼、银斧鱼、星光鱼、巨尾鱼等,但这里的鱼类绝大部分都有自身发光的本领。

33. 海底是不是在浮动?

几十年前,人们在用回声定位仪来探测海洋的过程中,发现了在大洋中层存在一个或几个浮动的"海底",它白天下降,夜间上升。这个浮动的"海底"引起了科学家们的极大注意。

科学家们经过长时间的考察,终于揭开了这个秘密:原来这种浮动的"海底"是由海洋中层的动物"制造"出来的。这些动物聚集在一起时,由于会强烈地散射声波,形成一道"声墙",所以又称为"深水散射层",这样,在回声定位仪上观察到的景象就如同真的海底一样。

事实上,许多大洋中层动物都进行昼夜垂直回游,如虾类和许多鱼类。它们白天生活在中层,黄昏以后便游到水面索饵,天亮前又返回中层,所以夜间可以在大洋上层捕获中层动物。如果科学家们正好在这个时候进行探测,就会感觉到仿佛是海底昼降夜升,交替浮动。

34. 深海动物会变黑吗?

大洋深处,1000米~4000米深的水层称为"半深海层"。日光已不能到达这里,所以半深海层就已经是一团漆黑了,这里的水温终年保持在0℃~5℃。深度大于

4000米的水层就被称为深海,其中,深度超过6000米时就又称为超深海或深渊。

目前,人们了解到,生活在大洋深处的鱼类主要是角鮟鱇、巨口鱼、奎鱼、宽咽鱼、长尾鳕、须尉、绵尉、鼎足鱼、先生鱼、海蜥鱼、深海黑鲨等。大洋深处的黑暗环境把这里的鱼类也"染"成黑色了。这些鱼的眼睛多半已退化,但有些种类鱼的眼睛仍旧异常发达,显然它们能凭着微弱的生物光来辨别环境。这里,生物发光的现象没有中层动物那样普遍。

35. 深海动物嘴巴为什么会变大?

鱼类究竟能在多深的海底生活,目前尚不能作出结论,但它们至少能生活在5000米~7000米水深的地方,因为科学家曾在那里发现了长尾鳕和鼎足鱼。据一位探险家说,他乘坐深海潜水器还曾在万米深的海沟里发现过鱼。至于有的无脊椎动物,显然能够在海洋

深海大嘴鱼

的最深处定居。在万米深的海沟里已经发现有深海海参、须腕动物等。生活在这里的这些动物,每1平方厘米的身体面积就要承受1000多千克的压力!它们能在这

样险恶的环境里生活,不能不说是一大奇迹。

大家已经知道,生活在大洋中层的许多动物,夜间都要到食物丰富的大洋上层去索食,而生活在大洋深处的动物就没有这种垂直回游现象了。因此,它们经常过着饥寒交迫的艰难生活。如果它们偶尔碰到一只动物,不管它有多大,都会想方设法把它吞下去,这就使得某些深海鱼的嘴巴"越张越大"。最典型的例子是柔骨鱼,它的嘴张开时比它的脑袋还要大!在它吞食猎物时口腔四周的皮肤也被"抛弃"了,它的嘴巴就剩下一副空空洞洞的骨架子。

36. 深海里有哪些神秘的生物?

如果你去过德国柏林自然博物馆的"深海"展厅,你就会发现在那里展出的千奇百怪的海底生物标本,特别是像巨型海蜘蛛、巨型管虫、庞贝虫、梳子水母、袖扣海兔螺、魔鬼鮟鱇等各种大嘴鱼格外吸引人们的眼球。

在那里展出的生活在海底300米~400米深的巨型海蜘蛛,体长有3米长,是世界上最大的蟹类。而生活在深海2000米~3000米的巨型管虫,体长也有1.7米。世界上最耐热的动物,在海底70℃的热液中生活的刚毛虫,也有10厘米~15厘米长。生活在深海底的彩色大嘴鱼,别看它体型短小,犬齿却有15厘米长,大嘴一张一合,瞬间就能将碰到嘴边的猎物生吞活剥。深海生活的石头鱼既是世界上毒性最强的鱼,同时也是海洋里高明的伪装大师,它能够和海床巧妙地融为一体。石头鱼虽然一般不会主动发出攻击,不过如果有猎物不小心踩到了它,那将会被全身麻痹,毒发而死。在深海还有一种奇怪的管眼鱼,只有十几厘米长,有透明的脑袋和管状的眼睛,透明的头部使得它们的眼睛能够很好地收集光亮,能灵敏地感觉出头部上方的物体轮廓。

海蜘蛛　　　　　巨型管虫　　　　　彩色大嘴鱼

这些长期生活在暗无天日海底的深海生物,承受着巨大的海水压力,长相变得异常稀奇古怪,却有着超凡的生存能力。

37. 海洋生态间的界线是否分明?

把海洋划分为近海区和大洋区,又把大洋区划分成不同深度的水层,这些都是相对的。实际上,生物的分布是连续变化的,在各生态环境之间并没有一条明确的界线。但对不同的动物种群来说,它们对环境条件的要求是比较严格的,它们的活动范围也很有限。例如,在我国近海定居的大黄鱼是不会离开它的故乡而进入大洋的。

一般来说,生活在大洋上层的动物不会冒险进入深海,而深海动物也不会浮到水面上来。也有些动物适应环境的能力比较强,它们的活动范围就比较大。例如,平时生活在大洋区的金枪鱼,到了生殖季节要到近海来产卵;而在江河湖泊里长大的鳗鲡,却要到大海里去繁殖。这些动物不仅奔波在近海与大洋之间,而且还能冲破海水与淡水的天然屏障。

38. 海洋浮游生物与光有什么依存关系？

水对光的吸收和散射是有选择性的,阳光照在水中,它的光谱将随深度而变化,这使得海藻在海水中的垂直分布有一定的规律,它们从上到下依次为蓝绿藻、绿藻、褐藻、红藻。

海水中海藻的分布为什么会有这样的规律呢？这是因为蓝绿藻含叶绿素多,光合作用的有效光线是红光;褐藻含褐藻素多,有效光线是黄光和红光;红藻含红藻素多,有效光线是蓝绿色光线。这说明光照是影响海藻垂直分布的重要因子。但也有例外,如红藻中的紫菜和海萝等往往又与绿藻混生。

海洋中的浮游动物昼夜垂直移动也同样是由于它们"喜"、"厌"光作用的结果。这样的结果又必然影响那些以浮游动物为饵鱼类的生存行为。

39. 海洋发光生物有多少种？

海洋中往往会出现这样一种奇观:漆黑的夜晚,平静的海面上突然发出一片亮光,就像海水着了火,连溅起的水珠都像一颗颗火种。其实,这不过是一种生物发光现象,是由于数十亿海洋生物在某一共同原因的激发下或相互刺激而造成的同时发光的现象。有时,这种海火能照亮海面数千米。

科学家们发现,海洋生物中能发光的品种很多。海洋生物的发光类型主要包括:细胞内发光,多见于细菌、单细胞生物和低等无脊椎动物;细胞外发光,有水母、介形甲壳类和较高等的无脊椎动物,它们能分泌发光液体、黏液或发光蛋白。海洋细菌是最小的活的发光体,主要的发光细菌是腐生菌。

在海洋动物中,除爬行类和哺乳类外,几乎每个大的动物类群(30多门中的13门)中都有发光的物种。目前已经查明的800多种发光生物中有原生动物约50种,腔肠动物约100种,蠕虫类(纽、环虫等)约50种,软体动物200种,还有150多种甲壳动物和300种左右能发光的鱼。科学家们还发现,海洋中发光的动物种类还在继续增加。

40. 海洋生物为什么能够发光?

海洋生物发光有着吸引异性、引诱猎物、保护自身等生物学方面的积极意义。机械碰撞、温度、电流和化学刺激等原因都能引起海洋生物发光。一般情况下,刺激越长,亮度越大,发光持续的时间也就越长(细菌除外)。当然,这种发光的能量也不是无限的,当超过一定限度,会因为疲劳而停止发光,须经休息后才能恢复。

动物神经系统的控制、日光、温度也都会影响发光的强度。生物发光也都是化学发光的一种特殊形式,发光生物体中一定要有酶参加该过程。生物发光的底物和酶(荧光素和荧光素酶)目前已经可以大量分离出来,从而在很多情况下使生物发光在体外得以重复。

应当指出的是,发光生物所造成的光场,不一定要服从物理光场的衰减规律,它能传播很长的距离而不衰减,这主要是因为每一个生物的光脉冲又可以引起邻近生物的发光。同时,又由于每一个生物得到光信号后,要经过数十秒的停滞才能发光,所以它的传播速度看起来要比物理光场低得多。

41. 水温对海洋生物有什么影响?

俗话说"鱼找鱼,虾找虾",就是对海洋中的动物喜欢以类分群共同生活的很好描述。科学家研究发现,这种类群的分布主要受水温的调控,也就是说,海水温度是海洋生物地理分布的限制因素。广温性生物如牡蛎、抹香鲸、海豚分布较广;而狭温性动物则只分布在它们喜欢的水温带里,如狭喜冷动物端足类、蜇水蚤、鳟、深海鱼类等喜欢偏冷的海水区,狭喜热动物如造礁珊瑚等则只能在热带海域才能找到。

在热带海域,由于没有明显的季节变化,生物种类多,垂直分层的位置也较深,很适合珊瑚礁生长;而温带季节变化显著,有冷水种和暖水种侵入,生物组成也比较复杂,有些地区生产力很高,可成为重要的渔场;极地海区沿岸带表层有浮冰,它水下的浮游动物的幼体通常是成片集中分布的。

水温对海洋生物的生殖也有重大影响。在水温变化明显的海区,生物往往要在一定的季节才能找到适于繁殖的时期;假若水温季节变化范围不能满足繁殖所要求的条件,那么,生物在这一海区就不能进行繁殖。

42. 海洋生物可分为哪些类群?

海洋生物千姿百态,种类繁多,海洋生物学家经过研究,将这些纷繁复杂的海洋生物按其生活方式简单地划分为浮游生物、自游生物(游泳动物)和水底生物三个类群。

浮游生物包括浮游植物和浮游动物,它们基本上是随波逐流,几乎没有游泳能力或仅稍有一点游泳本领。

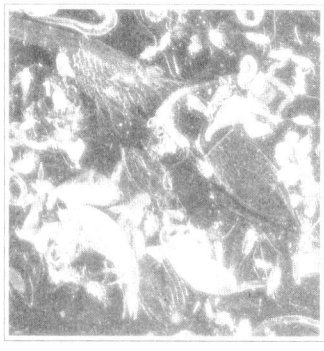

浮游生物

游泳生物都是游泳的健将,如剑鱼、海豚等,它们的游泳速度可达到每小时 60 千米～80 千米,远远超过一般船只的航行速度。而水底生物,它们中有的固着于海底,有的也能缓慢移动或游泳,像牡蛎、珊瑚、海草和螃蟹等类。蟹类可自如地横行、倒退且有一套隐身术,可在瞬间潜入海底泥沙中,只露出两只小豆眼,可以随时准确地窥视着敌人的去向。

由于自然条件的优势,热带和温带浅海底与深海底有明显的区别,在浅海里生活着各种各样的鱼、蟹、海星以及花草般的海洋植物,呈现出一派生气蓬勃的景象。

43. 哪些动物被称为底内动物?

在海底动物这一类群中,有一个特殊的群体,它就是底内动物。这种底内动物主要生活于海底泥沙或岩礁、珊瑚礁中。它们有管栖、穴居或自由潜入的底埋动物,如管栖或穴居的多毛类,穴居的某些蟹类,软体动物的蛤、螺等;还有一些钻蚀动物,如软体动物的海笋、船蛆,甲壳动物的蛀木水虱等,具有钻蚀岩石或木材而居的能力。

在海底泥沙或岩礁、珊瑚礁的表面上生活的动物还可分为两类:一类固着于海底或其他生物体上,或部分身体埋在泥沙中,如腔肠动物的水螅类、海葵、海鳃,软体动物的贻贝、扇贝、牡蛎等,甲壳动物的藤壶类、苔藓虫,棘皮动物的海百合和脊索动物的海鞘类等;另一类是水底葡匐和水底漫游动物,栖居于海底表面爬行或蠕动的螺类、某些蠕虫、蟹和棘皮动物的海星等。游泳底栖动物是那种生活于海底而又常能做游泳活动的动物,如甲壳动物的虾类和底层鱼类。

44. "海洋牧草"怎样喂养了大型动物?

陆地上的许多大型动物是以吃大型牧草为生的,像牛、羊、马等都是如此,而海洋里也有类似的情况。有一种海洋哺乳动物叫海牛,它就是专门以大型海藻为食的。在许多热带地区,人们正是用海牛来清除水渠中的杂草。不过像海牛这样的动物,在海洋里极为少见。所以,人们在海洋里养殖海带等藻类植物时,就不必担心被这种动物吃光了。

实际上,海洋里大海藻的数量和分布也非常有限,这可能是海洋里吃大海藻的动物极少的重要原因吧,对于海洋植物界里95%以上的单细胞藻,绝大多数鱼类是无法直接食用它们的,那它们是怎样喂养了大型动物的呢?这就是海洋中小动物群体的功劳了。

生活在海洋里的原生动物和其他小型动物是"收割"这些微型"牧草"的能手。因为它们有纤毛或其他精巧的附肢,专门以食用这些牧草为生,这些小动物吃了微型植物长大以后,又以自己的身体去"喂养"较大一点的动物。就这样,植物制造的有机物便一步一步地传给像大鱼和大鲸一样的动物了。

45. 海洋中的食物链是怎样传递的?

海洋动物间的关系是"大鱼吃小鱼,小鱼吃虾米"的捕食与被捕食的关系,也就是浮游植物—浮游动物—小型鱼类—大型鱼类—更大型凶猛鱼类及海兽这样一条食物关系。例如,磷虾之类的浮游动物吃浮游植物,鳀鱼之类吃浮游动物,鲣等鱼类又吃鳀鱼,更大型的动物如海豚等又吃鲣鱼。这一连串的联系,在科学上取名为"食

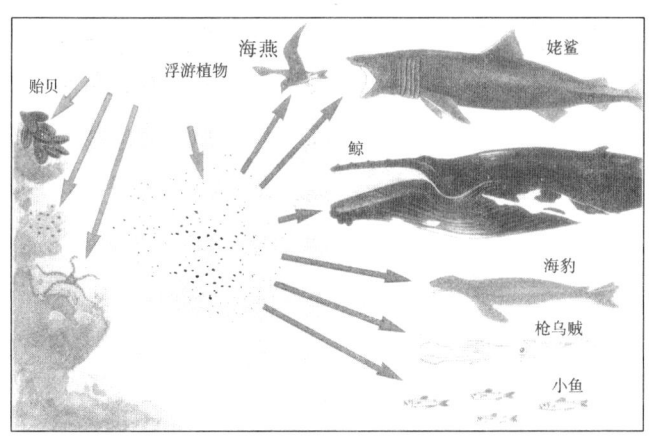

海洋中的食物链

物链",链上的各个阶段叫作营养级。捕食者的个数一般是

比被捕食者的个数要少。随着营养级向上一级的推移,生物数量几乎按几何级数减少。若把各营养级的生物数从上往下垒起来,就成为"金字塔状",这就叫海洋生物的营养阶层。

　　食物链的传递途径就像车链子一样,一环扣一环,不同动物的食物链长短不一样。在鱼类中,鳁鱼的食物链比较短,因为它能直接吃单细胞藻,同时也食用其他小动物。鱼的鳃上长着密集的鳃丝,活像一个"筛子",在呼吸过程中,水流不断地从鳃丝间通过,一些生物就被鳃丝"筛"出来了,所以鱼的食物链只有一至两步。噬人鲨的食物链就很长,大约由五步组成。首先,原生动物和小甲壳类动物吃单细胞藻;其次,磷虾、箭虫等吃原生动物和其他小动物;再次,灯笼鱼、竹刀鱼等吃磷虾和箭虫;又次,金枪鱼、鲑鱼又去吃灯笼鱼、竹刀鱼等;最后,金枪鱼、鲑鱼等均可成为噬人鲨的食物。当然,这是一个经过大大简化了的海洋中食物链,实际情况可要比这复杂得多。

46. 研究海洋食物链有什么意义?

　　正像农学家们希望知道每亩地能生产多少斤粮食一样,海洋生物学家也希望了解海洋能为人类提供多少鱼和虾,这就是有关海洋生产能力的研究。当然,要了解海洋的生产能力是一项十分艰巨而复杂的任务。因为在海洋食物链中,食物每传递一步就有80%～90%的有机物被损失掉。一方面,动物不可能把全部食物都消化和吸收;另一方面,进入体内的有机物大部分是作为"燃料"在体内消耗掉的,只有10%～20%的有机物用来组成自己的身体。

换句话说,动物吃了100千克食物,只能长10千克~20千克千克肉。以此类推,5万千克单细胞藻通过五步传递给噬人鲨,只能形成1千克~2千克的鲨鱼肉。可见,动物的食物链越长,对海洋有机物的利用率就越低。

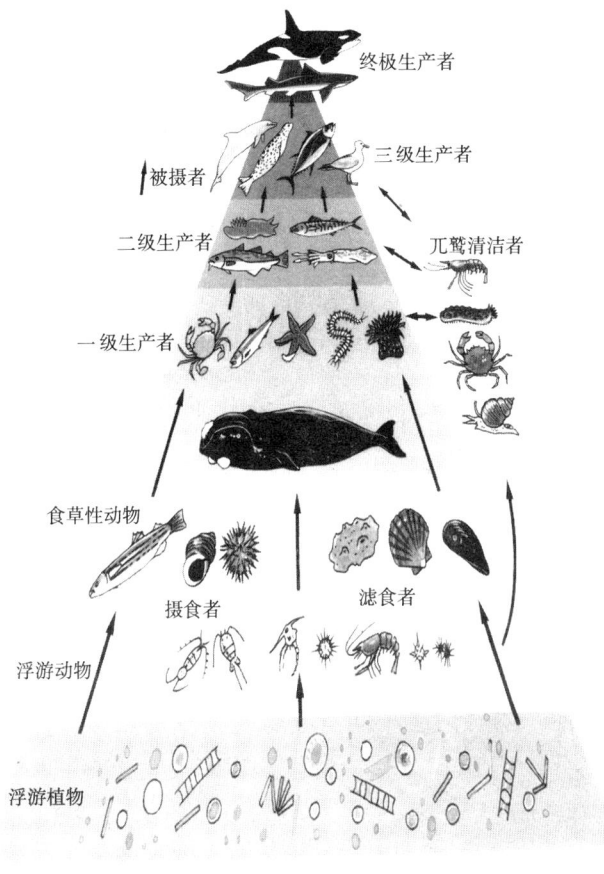

海洋生物的营养阶层

在人工养殖海洋动物时,应当选择食物链较短的种类。首先要摸清海洋有机物的最初生产者——植物的产量,要查明这个海区的动物种类组成和它们之间的食性关系,还要测出每种动物对食物的利用效率。尽管困难很大,但海洋科学家们还是满怀信心,为求得这些数据而孜孜不倦地努力工作着。

更为重要的是,研究海洋食物链对我们如何做到合理捕捞、合理利用、合理开发海洋资源以保护好海洋环境、保护海洋生物资源有着重大的指导意义。

47. 为什么说浮游植物是初级生产者?

海洋中生活着无数形形色色、千姿百态的生命,有的如箱,有的像链,有的披甲,有的带角,这就是单细胞藻类,它们多为绿藻、硅藻和甲藻等。它们的种类甚多,约占全部海洋植物的99%,几乎都分布于阳光可以达到的水层中。

它们本身都含有叶绿素,也像陆地上的植物一样,可以充分地利用阳光,将二氧化碳和水转化成淀粉和葡萄糖,而把无机物经过同化作用而转变成植物性有机物,同时释放出氧气。地球上的氧气有70%就是靠这些浮游植物通过光合作用而释放出来的。葡萄糖是一种基本的有机物,在植物细胞里可以和一些无机盐相结合,进一步转化成蛋白质、脂肪、淀粉、核酸、脂质维生素等其他有机物。而动物,无论多小或多原始,都不能自身将无机物合成为有机物,而只能向植物索取。

因此,浮游植物是所有海洋生物资源的奠基者,它的多寡往往直接影响着其他海洋生物资源的丰欠,所以,海洋科学家把它叫作初级生产者。

48. 海洋生产力是如何划分的？

在海洋中，是海藻把无机物转化为有机物，为海洋动物的生存打下了坚实的基础，但它却仍旧不能被人类消化和利用。因为许多藻类，如硅藻，它的细胞壁是由硅质组成的，就像是罐头盒一样，人吃了根本不能消化，里面的营养价值再高也不能被人体所吸收，只有将这些有机物转化为动物蛋白，人类才能加以利用。

那么，在海洋里是由谁来承担这种转化任务的呢？主要是浮游动物。它们自己并不能生产有机物，但它们可以依靠食用浮游植物来增加自身的机体，从而增加海洋有机物的总量。这种将植物有机物转变成动物有机物蛋白的转变又是一次质的飞跃。所以，有人把浮游植物叫作"抓光"的生产者，而把浮游动物称作"抓食"的消费者。前者属于初级生产力，后者就属于二级生产力。

正是这些浮游动物把植物有机物转化为动物有机物，完成了海洋有机物生产过程的这种质的变化，才使今天的人类得以从海洋中源源不断地捕获各种动物，而这些动物仍能一代一代地繁衍生息。种类繁多的海洋动物，除以海藻为食的种类外，还有很多种类是肉食性的，以其他动物为食，如以小虾等小动物为食的小型鱼类和以小鱼为食的大型鱼类等，它们分别属于第三生产力，以至第四、第五生产力。

海洋生物

迷人的海洋奇葩

49. 海绵是植物还是动物?

差不多家家都有海绵,但我们家用的海绵的名字是"借"来的,是人类参照天然海绵柔软和多孔的特性制造的人造材料。这里要讲的海绵,是指天然海绵,是海洋中有生命力的一种动物。在历史上,海绵一直被人们误认为是植物,因为它不会走动,只是随波逐流,或固定在水中的岩石、贝壳、水生植物或其他物体上。有趣的是,它的形状常随固着物的形状而变化,如果固定在珊瑚或甲壳动物上时,远远望去它的形状就如珊瑚或甲壳动物一样。

在灯光下,海绵有的像一串串大红灯笼,更多的则如精巧美妙的花瓶和杯盏,看上去令人眼花缭乱,难辨其真实面目。直到近代,由于显微镜的出现,才揭开了争论整整2000年之久的海绵归属之谜。

原来,海绵是早在2亿年前就生活在海洋里的最原始的多细胞动物,它的内部结构简单:整个身体由内外两层细胞组成,体内没有分化的组织,只是有些细胞在构造和机能上有差别;体表有4000亿个小孔与体腔相通,并由砂质纤维骨骼联系支撑着,就好像千千万万水网密布的渠道系统。一个直径仅1厘米、高10厘米的海绵,一天就能过滤20千克海水,它就是这样从海水中滤食养料的。

50. 为什么说海绵是多姿多彩的?

你知道海洋中海绵的种类有多少种吗?海绵至今已发展到1万多种了,占海洋动物种类的十五分之一,是一

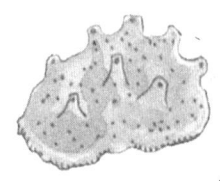 

海绵动物

个庞大的"家族"。可以这么说,在海洋各处均有它们的身影:从潮间带到深海,从热带海洋到南极冰海都有分布。

海绵的形状多种多样,有的像管子,有的像瓶子,有的像球体,有的像扇子,奇形怪状。它的颜色也美丽多彩,有鲜红色的,有银灰色的,也有白色的。它的个体大小相差很大,小的只有几毫米,大的则达十几米。

据文献记载:最大的海绵是杯状海绵,它产于加勒比海和美国佛罗里达州外海海域,高约1米。印度尼西亚产的海神杯海绵高达1.22米。1909年,有人从巴哈马群岛外捕捞到一只羊毛海绵,它的周长有1.83米,刚捞起来的时候重40千克,晒干后,除去多余的东西,还有5.5千克,现保存在美国华盛顿州斯密生博物馆内。而最小的海绵,它的名字叫扇形白枝海绵,它的成年的个体只有2.8毫米高,两只这种海绵加起来还没有1粒米长呢。

从形态上看,海绵更是千姿百态,有扁状群体的白枝海绵,有圆筒形单体的樽海绵,有形像逼真的枇杷海绵,有宛如杯盏的水杯海绵;矮柏海绵好似一串精巧的灯笼,而偕老同穴海绵又被称为"维纳斯花篮"。

在近岸生活的海绵动物,通常都喜欢包在岩石上,好似薄的茄皮或姜皮;而生活在浪大流急环境中的海绵,又多呈流线型的土墩形;在缓流或风平浪静的海域中栖居的海绵们,体形又状似高耸的烟囱。

51. 海绵是怎样保护小动物的?

海洋中的海绵紧附在岩石、海藻、珊瑚上,或附在大型管状动物上,犹如柱子或小树立在海底。海绵往往色彩鲜明,因为大海中吃海绵的动物很少,除海参外,它们几乎再没有什么天敌,没有必要把自己的身体隐藏起来。

正因为如此,使得海绵能够向其他动物提供伪装。有人曾在大西洋东岸海滨采集到一个大海绵,发现在它的身体内竟寄居着1.7万个小生物。可以说,海绵是小生物的理想掩体。最大的一种海绵名为杯海绵,高达1米,是最佳的掩体。

海绵喜欢和其他生物共生共栖,有些海藻就长在它的身上,使它全身变为绿色,乍看上去就像是一棵美丽的水藻;有些沙蟹喜欢把它撕成碎块贴在腿上或壳上,它就会贴在其身上生长起来,好似给沙蟹披上了一层厚厚的铠甲,以此来防御敌害;它还常固着在蛾螺或牡蛎壳上,借用它身上分泌物的气味为寄主吓退敌害。

有时人们会在海绵的体内发现一些成对的雌雄小虾,它们就住在海绵的体内,靠海绵体来供应养料,而小虾则在其体内清理孔道内的污物,两者互惠互利,和谐共存。由于小虾是在小的时候进去的,当它长大时也就出不来了,一生都被"禁锢"在里面,一直到死去。这种现象在生物学上就被称之为"偕老同穴"。长在海绵体内的成双成对的小虾也获得了一个美丽的名字:"伉俪虾"。

52. 海绵是怎样进食的?

海绵动物是最原始、最低等的多细胞动物,大多数海绵动物生活在海洋中。它的构造简单,既无口、无消化腔,又无行动器官,属多孔动物门或称海绵动物门。它是单细胞动物向多细胞动物过渡的类群,显示了动物从低级向高级发展的一个重要过程,代表了生物进化史上一个极为重要的阶段。

海绵没有神经系统,没有真正的身体组织,也没有口。海绵全身有无数扁平沁孔,由体内的管道连接几个大孔。它表面上的无数小孔通到内腔,腔壁有长出鞭毛的特殊细胞。鞭毛通过小孔把水抽到内腔,在腔内被海绵作为食料的微小有机物被吸取,海水从这些小孔流入体内,然后水从一个或多个大孔中排出。海绵通过水流带进食物和氧气,同时排除废物,每过滤1吨海水,海绵的体重大约能增加28克。

53. 海绵有什么特殊功能?

海绵的奇特之处,首先是它那奇特而强大的再生能力。如果把海绵撕成碎片抛入海中,它的每块碎片都可以魔术般地长成一个独立完整的新个体。海绵之所以拥有庞大而兴旺的家族,也正在于此。

科学家们成功地做了一项试验:他们把桔红海绵和黄海绵捣碎成细胞悬液后混合在一起。他们惊奇地发现:这两种海绵按各自的种属能重新排列和聚合,形成了新的桔红海绵和黄海绵;若把捣碎的海绵放在显微镜下观察,还可以看见海绵细胞三五个聚成一团,不久就会变成一个个新海绵体。你可能早已听说过海星和海参有很强的再生能力吧!可它们与海绵相比还是差远了。

海绵的体内能分泌一种类似于毒液的物质,以防御敌害,或杀死周围海水中的有毒微生物,使它们生活区周围的海水变得比较洁净。它们体内含有的天然抗生素,也能杀死结核杆菌,还能防治风湿及神经系统疾病呢。更重要的是它体内含有多种抗癌物质,人们已在海绵类动物体内发现了多种前所未有的药用成分,不久的将来,它们定会为人类同疾病进行斗争,尤其是同癌症进行斗争作出贡献。

54. 海洋动物会"开花"吗?

人们知道开花的植物,可谈起动物开花还是比较新鲜的事情,而在海洋中,确实就有这么奇妙的一族。轻飘似伞的水母、细如羽毛的水螅和如花似锦的海葵、珊瑚等腔肠动物就属于这一类。但在过去,人们一直把它们认作植物,把它们确认为腔肠动物,则是经过了一个漫长岁月的事情了。

早在公元前 4 世纪,亚里士多德就知道水螅和水母的触手会蜇人,但是,14 世纪至 16 世纪文艺复兴时代的学者仍把它们看成植物;到了 18 世纪,大多数学者虽承认它们有动物的性质,但仍然坚持认为,它们与海绵动物一样都是动物和植物之间的生物;直到 1847 年才真正建立腔肠动物门,包括海绵动物和栉水母动物。

原来,属腔肠动物的水螅、水母、珊瑚等在结构上都有共同之处:它们的身体只有两个胚层,外胚层组成身体的外部,内胚层围成内腔。它们的消化管只有一个开口与外界相通,口和肛门合二为一,真像一个装不满的大口袋。其中,囊袋壁是以上皮组织为主要成分的两层细胞,两细胞层之间有上皮细胞分泌的厚薄不一的中胶层,囊袋腔兼顾了消化、水循环的功能。说白了,腔肠动物就是两层皮的动物。

不过,这两层皮的动物虽然貌似简单、柔弱,却可称得上是海洋动物中的名门望族。在17万种海洋动物中,它们的成员就达1万种之多。

55. 腔肠动物有哪些特点?

腔肠动物是比较简单的动物,主要生存于海水中,也有少数种类生存于淡水。它们的身体一般像中空的囊袋,口在中央,这种圆柱体型具有辐射对称的特点。腔肠

腔肠动物

动物有很多触手,长有刺丝囊,这些微小的刺螯器官被用来捕捉毒杀猝不及防的猎物。腔肠动物的神经细胞不像

较高等动物那样集中,而是周身散布成网状。这类动物中最著名的成员有水母、海葵和珊瑚等。

腔肠动物有两种基本体型,即水螅体和水母体。水螅体形如短管子,管子一端中央是口,口周围有许多触手;另一端附着在岩石和植物体上。水螅体有个体的,也有群体的。海葵就是单一的水螅体,珊瑚则大都由群体水螅型集聚而成。

水母体是伞形的,游动自如,口在内底面的中央。这类动物游动的方式是:四周边缘的肌肉缓慢地、有节奏地伸缩,水从伞的空腔被猛力排出,其身体便向前移动。许多种腔肠动物的生命周期中可能既经过水螅体、又经过水母体的阶段。

56. 漂浮水螅类动物有什么特点?

大家知道,水螅类腔肠动物的形状是短管状,这种漂浮水螅类又称管水母类动物。它们在海上漂浮靠的是充气囊(浮器)伸出水面,这个囊往往也发挥帆的作用。该类动物有把单体的不同形体集合在一起的能力。每个漂浮水螅实际上都是各类水螅体和水母体构成的一个群体。各类中的每一类都为群体担任一项特殊的功能,包括游泳、消化、螫刺、出芽脱离水母体和进行有性生殖。人们最熟悉的漂浮水螅是僧帽水母。它的浮器下垂荡着细长的触手,有时可长达50米,上有刺丝囊,游泳者若不小心被螫后会痛苦难忍。

另一种漂浮水螅类叫帆水母,有个帆状的浮器,使它在航行时能与风形成直角,并使它在被波浪打翻时,可以自行扶正。

57. 为什么说腔肠动物是"海魔鬼"?

在海洋动物世界里,能释放秘密武器的多细胞动物,唯有腔肠动物了。它的秘密武器来自上皮所特有的刺丝泡。刺丝泡是刺细胞的一个高度特化的细胞器,由刺丝囊和刺丝几部分组成。

腔肠动物一旦受到外物的刺激时,它会像发射炮弹一样魔术般地把刺丝泡发射出去。这种炮弹还分为两种,前端开口的可使毒素(刺胞毒素)直接注入猎物,而前端封闭的则以极大的黏性、好似锚一样地黏住猎物。由此可见,腔肠动物的刺细胞有谋杀猎物和御敌的作用,也有捕捉猎物的功能。腔肠动物因这一特性而被称为"海魔鬼"。

在海藻、礁石、养殖绳、网具上,人们常会看到细如小草、软如羽毛、固着而生的海洋水螅(羽螅、筒螅等);在水层中漂浮的是伞状的、蘑菇形的、拖着飘带轻柔似仙的水母(僧帽水母、海月水母、海蜇、霞水母等);还有生活在岩岸石缝中美如菊花的海葵、南海诸岛的鹿角珊瑚等等,它们都属腔肠动物"海魔鬼"之列。

世界上已发现的最长的水母是1865年被海水冲到美国马萨诸塞州海滩上的一个,其伞部直径只有2.3米,可是触手却有36.58米,若把两条触手拉开的话,总长74米多。

58. "海黄蜂"是什么动物?

水母有一种防御"敌害"捕食的本能,就是毒液。毒液可以麻醉"敌害",使它们失去知觉,昏死过去。水母就是利用这种"武器"来与"敌害"进行斗争并捕捉食物的。水母的种类大约有100种,各种不同水母体内毒素的含量也不一样。

生活在澳大利亚昆士兰地区的一种名叫"海黄蜂"的水母(也叫匣状水母),它产生的毒素能够毒害动物神经,而且它的毒性强度几乎可以与亚洲眼镜蛇的毒性相比。人们如果被这种水母伤害,在1分钟～3分钟内就会失去生命。这可能就是"海黄蜂"名称的来历吧。有人统计,从1980年起,在澳大利亚昆士兰海岸已有66人因被它蜇着致死。因此,当潜水员下到海里去的时候,必须穿上连裤子的长统靴,以免受到侵害。还有一种细斑指水母,人若被它刺蜇,在几秒钟内就会死去。人们通常认为,细斑指水母是所有动物中毒性最强的。

59. 水母和海蜇是什么形状的?

在深海花园中栖息着许多美丽透明的水母,它们有天蓝色的帆水母,背部竖着一面透明的帆,借助风力和波浪像小船一样在海中飘荡;海月水母伞状的头部浮在海面犹如皓月坠入海中;僧帽水母像一顶僧帽,帽沿下垂着许多细长的手臂,臂上毒刺密布。"出没沙咀如浮罂,复如缁笠绝两缨,混沌七窍俱未形,块然背负群虾行。"这是宋代诗人沈如求描写海蜇生活习性的绝句,他观察细致,写得也很逼真。

水母是一种极为古老的海洋腔肠动物,早在5亿多年前,当鱼类还没有出现时就已经生活在海洋中了,我们常见的海蜇就是水母的一种。海蜇在腔肠动物中属钵水母纲,因其触手分泌物刺激皮肤。沿海渔民把有食用价值的大型水母叫海蜇,如沙海蜇、拟叶海蜇和腕海蜇等,实际上它们属于根口水母类。这些海蜇的形状都好似漂浮的伞,伞部向上隆起增厚,使之呈半球状。当海蜇依靠其大伞在海中漂浮时,尽管形态美,行动也颇有点庄重和文雅,可若一旦它的触手被触动时,它会立即放出毒刺。小生物遇上毒刺就成为牺牲品,人如遇上就会被刺得痛痒难忍。海蜇也可能就是因此而得名的。

60. 海蜇毒素有何妙用?

海蜇蜇人的武器是在口腕部(海蜇头)的外胚层中藏的刺细胞,它是由特殊的细胞构成的;其形状像一个小袋子,里面装有中空的细刺,细刺尖端为刺。静止时为螺旋形,一旦受到刺激,大量的刺细胞一齐发射,同时放出有毒的液体,使被刺者痛痒交加。刺细胞有倒刺,因而小生物被刺后就无法挣脱。

海蜇刺丝的毒素,是一种多肽物,对于人的心脏有收敛作用。也许有一天,海蜇毒素将会发展为医治心血管系统疾病的药物。海蜇属于水母类,国外有人在水母类的动物体内发现一种叫水母素的成分,这是一种荧光蛋白,当有钙或锶存在时,可以发光,对钙浓度的变化很敏感。如果人们利用这一特点,来制造出诊断心脏异常和癌细胞转移的新药来,那么,人们或许就可以根据它在人体内发光的强度的变化来诊断病情变化的情况了。

61. 海蜇是如何分布的?

海蜇是人们普遍食用的一种海产品,经过科学分析证明：每500克海蜇皮含蛋白61.5克、糖18.5克，还有维生素B_1、B_2、尼克酸及钙、磷、铁、碘等，营养价值很高。那么，海蜇在海洋中是如何分布的呢？

海蜇主要栖息于河口、内湾、岛屿一带的水深20米～30米以内的近岸浅海区，特别在河口下游水深15米～20米的海区，分布群体较为密集。因为海蜇的游泳能力差，多随波逐流作漂移性分布，直接受风力和潮汐影响，所以，尽管海蜇为大型水母，但仍属浮游动物。

海蜇的分布

如遇大风和强海流，浅海区密集的海蜇群刹那间便可能消失得无影无踪，但如遇洪水侵袭，海蜇便要遭殃了，常造成大批的海蜇死亡。在白天和缓流时，海蜇上浮于海洋表层；而夜晚和急流时，海蜇则下沉于海洋的中、下层，甚至接近海底。

62. 海蜇靠什么来躲避天敌？

海蜇原本是一种食用水母，顶部就是人们常说的"海蜇皮"，"海蜇头"就是它的口腕部触手。海蜇的伞体是个半球形，伞的外面平滑，伞下有8个加厚的腕，下方口腕处有许多棒状和丝状触须，里面的刺丝囊能分泌出毒液。当海蜇触及到小动物时，可以释放出毒液来麻痹它们，以猎取食物。

飘舞的海蜇

海蜇身体的颜色一般为青蓝色,有时也呈暗红色或黄褐色。它的游泳能力很弱,常常要依靠潮汐、风力和海流漂浮。海蜇对光线和海水盐度的反应很灵敏,在风平浪静的早晨或傍晚升到海面;而遇到风暴、大雨或太阳光过于强烈的天气时又会沉入水中。

海蜇既没有眼睛,也没有耳朵,那它们是怎样躲避天敌的呢?我国古人很早就发现了海蜇"以虾为目"的秘密,这种现象在动物学上称为共生现象。海水中的小"水母虾"和"玉鲳鱼"的个头都很小,平常就生活在海蜇口腕周围,以海蜇为保护伞来保护它们。当敌害接近时,这些小鱼和小虾们机灵鬼似地会立刻躲进海蜇的口腕,海蜇接到"报信"后立即收缩伞部沉到海水里,便可以躲过这场灾难。所以说,海蜇虽然没有眼睛和耳朵,但它却有迅速避开天敌的本领。

63. 水母长着顺风耳吗?

我们知道,海蜇能够预知风暴的来临,但其中的缘由是什么呢?原来海蜇有另一种本领,即它能收听次生波。我们人耳所听到的声波范围一般在 20 赫兹～20000 赫兹之间,这叫作可听声;超过20000赫兹的声波就叫超声波,低于 20 赫兹的就是次声波。不论是超声波还是次生波,我们人耳都是听不到的。在海洋中,台风的出现并不罕

见，在台风的作用下，由于空气和海浪的剧烈摩擦，便会产生8赫兹～13赫兹的次声波。它以每秒钟1450米以上的速度在水中迅速传播，仿佛是风暴的先行官一样，向人们报告将到来的风暴。

生活在海面的水母有什么法宝能听到次声波呢？水母漂浮在水面上，看上去很像是一把撑开的伞。在它的伞缘上，有很多触手，还有一个细柄，上面长有小球，它就是水母的"顺风耳"。

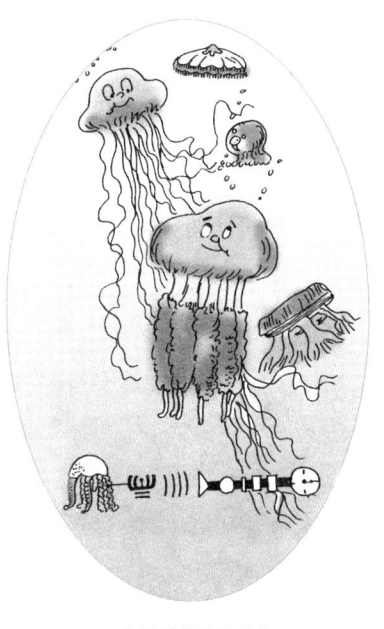

水母的"顺风耳"

在水母的体内，有一个极小的听石，听石再把次声波的振动传给水母耳壁内的神经感受器，水母才能听到风暴声，于是水母便游到岸边，或奔向大海，去寻找安全之地，使自己免受风浪的袭击。

人们受到水母接受次声波的启示，也成功设计出了"水母耳风暴预测仪"。这种仪器并不复杂，由次声波接收机、把次声波转换成电脉冲的换能器和显示器三个部分组成。它可以安装在船只的前甲板上，接收喇叭按360度角旋转，一旦接收到8赫兹～13赫兹的次声波，旋转着的喇叭会自动停止转动，人们从喇叭停止转动的方向上，就能知道风暴将要袭来的方向；通过指示灯则可以知道风暴的强度，从而使人们能够提前 15 小时知道将来的风暴，并做好相应的准备。

64. 僧帽水母是什么样子的动物？

僧帽水母是一种奇妙的海洋动物，它实际上是数百个个体聚集成的群体，每个个体机能都不同。它那娇艳的充气浮囊浮在波浪上，它的顶部像船帆那样乘着风。浮囊下有能蜇东西的长触须垂入水下，小动物和鱼被蜇后，麻痹而动弹不得，糊里糊涂就成了牺牲品。

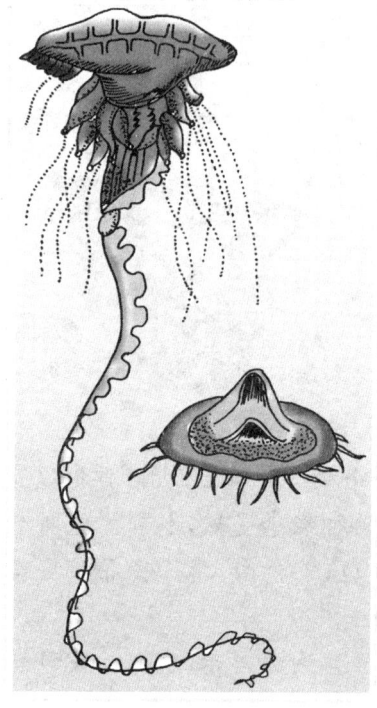

僧帽水母

僧帽水母是我国东南沿海水层中常见的一种水螅水母类，它的群体的顶端是一个长达 20 厘米～30 厘米的大型浮囊体，其形状好似出家人戴的帽子，故得名僧帽水母。如果它的浮囊体里面充满了气体，就可以使整个群体浮在水面上，如果排出囊中的气体，群体便可以悄悄地潜入水中了。

浮囊体呈凸形,顶部长着一个蓝色的冠,当轻柔的海风佛过海面时,那"僧帽"就如同一艘可爱的小帆船,在水上自由自在地浮动起来。远远望去又好似殖民者当年带有风帆的战舰,故又得名"葡萄牙战舰"。僧帽水母是著名的热带生物,伴随暖流漂浮,因此,它还可作为暖流出现的指标生物。然而,可千万别被它美丽的外貌所迷惑,它有着可怕的杀人凶器,不用说小型动物,就是人在水里被它蛰着,严重时有可能丢掉性命!

65. 你知道"蓝瓶子"的毒性有多大吗?

当僧帽水母在水面上游动时,它那透明的浮囊前面是尖尖的,后面是圆圆的,顶端耸起呈背峰状,上面还有发光的膜冠,能自行调整方向,身体却呈现出美丽的淡蓝色。它们虽然外表形态美丽,但下面触手上那微小的刺细胞能够分泌出毒素,虽然单个刺细胞所分泌的

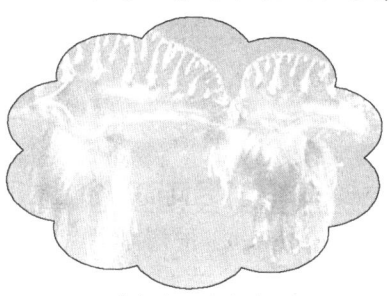

僧帽水母的毒性

毒素微不足道,但成千上万个刺细胞所积累的毒素却非常厉害。这种本领可以帮助僧帽水母既防御天敌,又可以捕猎食物。

它们栖息于热带的海洋中,随海流飘动,常被海风吹到海边。据报道,在2006年的一天,一种名为"蓝瓶子"的僧帽水母,被海风吹到了澳大利亚的东部海滩,竟发生了3万多名游泳者被蛰伤的严重事件。原来,僧帽水母

触手上刺细胞分泌的毒液,会致使被袭击者皮肤出现如鞭打的伤痕,还会出现灼痛、发烧、呼吸困难等症状,严重者还会有生命危险呢!

66. 什么动物不怕僧帽水母的凶器?

僧帽水母的凶器就长在专门用来捕捉食物的触手上。这些长达数米的触手表面布满了能分泌剧毒液的刺细胞,人若是不小心触到了那些小瘟神,至少会引起延续数天的灼痛或寒热病。

僧帽水母从不轻率地向目标发动攻击,每次都要先试探一下,摸摸对方的脾气,等它真刀真枪地干起来的时候,这个可怜的目标处境就相当危险了。然而,某些鱼最习惯于生活在僧帽水母那能置人于死地的"凶器丛林"当中,例如,信天翁就敢于吞食僧帽水母,它们对其毒素具有免疫力。

67. "海神湾"因何而来?

一般来说,僧帽水母大都生长在热带海洋中,但它们有时却成群地漂游到英吉利海峡来冒险,直到迪纳尔一带的海滩上。僧帽水母有大面积群居在一起的习性,在塞内加尔西部海岸达喀尔海区,就常能见到它们聚集成占几百立方米体积的"大部队"。

帆水母和银币水母与僧帽水母相似,也常常成千上万地汇聚在一起,浩浩荡荡的队伍达十几千米长。每年5月份,法国南部的尼斯海区都是它们举行盛大集会的地方,而它们的到来,又会吸引海洋之神——凶恶贪婪的鲨鱼前来摄食,因此这里的海湾被称为"海神湾"。

68. 晶莹剔透的水母还有哪些逸闻趣事？

海洋中有一种水母叫海月水母，它形如其名，伞呈圆盘状，无色透明，就像海中升起的一轮圆月一样。在海月水母生活史中有一种典型的世代交替现象，那就是它有4个马蹄形的生殖腺是粉红色。当夏去秋来时节，在我国北方沿海常常会出现成群结队的海月水母，它们所到之处，整个海面都会被飘"染"成一片粉红色。更有趣的是，海月水母还能紧紧贴在船的外壳上或钻进海水压载舱内，这样它们便可搭乘船只周游世界了。

箱水母在海水中呈现的是半透明状态，让人很难察觉到。一个成年的箱水母，触须上有数十亿个毒囊和毒针，足以用来一次性杀死20人，如果被它们刺到的话，在30分钟之内就会因呼吸困

栉水母

难而死亡，所以人们在游泳时需要倍加小心。科学家们发现：箱水母最害怕红色，一见到红色它就会立刻转身，迅速向相反的方向游走。所以，人们在特定海区游泳时，可以利用红色物体来预防被它们蜇伤，如拉上红色的防护网，穿上红色的泳衣，都是行之有效的防护措施。

栉水母是一种可以发光的水母，它们沿着身体的长度方向长着一排排像梳子一样的栉板，这些栉板上又生出许多纤毛，就是靠着这些纤毛拍打波浪，使栉水母在海

水中游动。当贪吃的栉水母划动纤毛扑食,在海中不停地漂动时,就会变换成一个光彩夺目的彩球,发射出神秘的蓝色光环。当它们在海洋中漫游时,光带随波摇曳,体态格外优美动人,给大海增添了一抹靓丽的色彩!

69. "海菊花"是哪种动物?

海葵是一种神奇的海洋生物,它那优雅的名字往往会让人想起阳光下的向日葵,其实,它的外貌更像一朵初绽的玫瑰。它的上端有一圈向四周散开的触手,好似玫瑰花的"花瓣",因此人们称它为"海底玫瑰"。当人伸手去触摸时,它会迅速地吐一股清水,然后收回"花瓣",缩成一团。这时,那五颜六色的"花朵",那一片片的"花瓣",又像舒展的菊花,故海葵又有"海菊花"之称。

园中金菊固然使人赏心悦目,不过奇妙的"龙宫菊展"更可饱人眼福!在东海之滨的礁石中或西沙群岛的水下世界里,盛开着各种各样的"菊花",它们风韵多姿,晶莹别透,有的含苞待放,有的金丝下垂,像一个天然菊展,将偌大的水晶宫装饰得瑰丽豪华。看了这迷人的景象,你一定会认同海葵的另一个形象的名字——"海菊花"。

70. 海葵的"鲜花"是否有毒?

在浩渺的海洋中,海葵犹如一年四季盛开不败的"鲜花",它的形态多样,体态艳丽,随波飘逸,如花似锦,构成一簇簇美丽的花丛。小鱼小虾们游戏于"花丛"之中,好似一幅太平盛世的景象。

海葵外表确实艳丽动人,海葵的身体像海蜇一样柔软,但它的每只触手尖端都有一个毒囊。它有一张硕大的嘴,"胃口"又特别好,能将虾和小鱼一口吞下。因此,多数海洋生物都对它敬而远之。

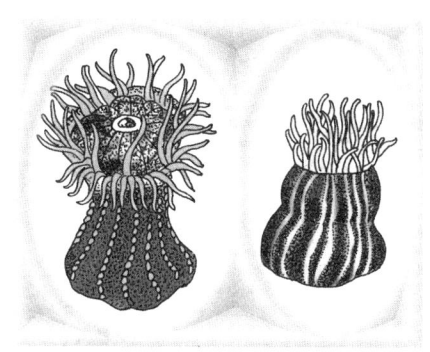

海葵

海葵和海蜇同属于腔肠动物,它的触手和内部的隔膜都是六的倍数,属于六射珊瑚虫类。海葵同海绵一样是少数不能走动的动物,以固着方式生活,它们没有骨骼,躯干部呈圆筒状,身体基部一般都有宽扁的基盘,固着器就相当于一个花托。另一端有口,呈裂缝形,称为口盘。它的口盘边缘长有许多触手,触手上有带毒的刺细胞,这便是我们看到的"花瓣"。"花瓣"不仅色彩艳丽,而且收缩自如,具有捕食、御敌双重妙用。若是小动物不小心碰上它便被麻醉,就会由这些"花瓣"卷入"花蕊",成为海葵的美餐。

海葵的种类繁多,全世界有1000多种。它们的形态大小不一,体色各不相同,大者口盘直径60厘米,体高30厘米,小者口盘直径仅0.2厘米,高0.05厘米,比米粒还小。一般来说,生活在热带海域的海葵,色彩艳丽个体大;而生活在寒冷的海洋里的海葵,则色彩显得单调,且个体较小。然而,别看海葵个头小,它的寿命却很长,许多种类能活好几十年,甚至还有"百岁寿星"!最近的研究表明,海葵还具有药用价值,沿海渔民常用它来治疗风湿性关节炎。所以,开发海葵资源,为人类造福,也是人们关注的另一个方面。

71. 海葵什么鱼虾都能吃吗?

海葵和它的"鱼小姐"在热带海洋的礁丛中快乐地生活着,海葵像一朵朵五彩缤纷的菊花,在竞相开放、争奇斗艳,使沉寂的海底显出一派生机。然而,这如同菊花瓣一样喜人的触手,却是杀生的凶器。

海葵和"小丑鱼"

不过,海葵并不永远那么狠毒,它们对美丽的"鱼小姐"——小丑鱼却特别善良温顺,小丑鱼常招引其他虾和小鱼来此活动,海葵就趁机"抓"获它们,与小丑鱼分而食之。小丑鱼体色斑斓,条纹艳丽,可以随意出没于海葵那些长满毒刺的触手间,甚至还成了海葵的家客。小丑鱼们有的成双入对,有的拖儿带女地把家安在海葵的触手丛中,直到儿女能独立生活了,父母才放它们出去另找新居。

此外,还有一种寄生虾,也和海葵有交往。寄生虾为海葵"梳理"触手,让其保持清洁,"梳理"下来的废物,则可作为寄生虾的食物。因此,这种身体透明、像玻璃一样的寄生虾,还得到了"葵虾"的称呼呢。

72. 海葵怎样与寄居蟹合作?

海葵虽然没有腿脚,但有时它却能活动自如,因为它有时与一些"小伙伴"合作得很好,依靠这些"小朋友"们的帮助,它不但饿不着肚子,反而能神气地走南闯北呢,它与寄居蟹的合作是最有趣的一例。

寄居蟹和海葵是相互共存的"挚友"。当海葵放出花瓣——触手时,捕捉小动物,既保护了寄居蟹,又把食物供给它。寄居蟹可以携带海葵"旅行"海底。这样,两个"朋友"就不愿分离,甚至寄居蟹迁居时,也要把它的"朋友"搬到它的新房上去。这些行动笨拙的海葵,还能爬到巨蟹的螯上"安家",让蟹带它到海洋世界去旅游,老实点的海葵就在蟹背上"落户"了。所以,有时渔民捕到海蟹时,也能捉到海葵。

73. 海葵有什么经济价值?

海葵不但外形美丽,还有一定的经济价值。它们常被人们移养在水族箱里,供游人观赏;有的海葵还可以食用,如沙海葵味似海蜇,但需要切记的是颜色鲜艳的海葵往往有毒。

有些海葵毒性很大,但具有药用价值。不同海葵的提取物中,药理作用是不同的,有的可抗白血病,有的能抑制腹水瘤,还有的对心脏有强收缩作用。普通海葵中还可以提取出抗凝血剂,其延长凝血时间比肝素要强14倍。由动物实验推测,海葵提取物很有希望制成防治心血管的药物和抗癌药物。

74. 珊瑚身价有多高？

人类在很早以前就已经开始利用珊瑚了。早期人们多用珊瑚礁来烧制石灰，做普通的建筑材料；后来，珊瑚多被制作成精美的工艺品，特别是红珊瑚，用作装饰品时的身价可与金、铂、珍珠、翡翠相媲美，因此，被称为"珠宝珊瑚"。同样，经切割、打磨、抛光等工艺程序制成的黑珊瑚项链、手链、耳环乌黑闪亮，价值也很昂贵。

世界上最大的一株红珊瑚于1980年采自我国台湾省北部宜兰龟山岛附近的海底。这株"珊瑚王"呈桃红色，有2万年的"树龄"，它有5个主干枝，高125厘米，重75千克，陈列在台北市林森北路的一家珊瑚公司里，价值500万美元，被列为稀世珍宝。

珊瑚还有很高的医用价值。李时珍的《本草纲目》记载，红珊瑚有长翳、安神、镇惊的功效。目前，世界上有20多个国家的医学工作者在从事珊瑚骨骼的应用研究。它们把珊瑚骨用于骨科、矫形外科、颅骨颌骨外科、美容外科和口腔外科等医学领域中，成效显著。另外，还有学者从软珊瑚、柳珊瑚的有机组织中提取出活性物质，成为抗癌、抗肿瘤、治疗心血管疾病等的新药。

但是，由于珊瑚生长得非常缓慢，而且珊瑚对生存环境的要求比较高，因此，珊瑚资源一旦被破坏了就很难恢复。为了给子孙后代留下足够的海洋资源，让我们一起来保护珍稀的珊瑚吧。

75. 珊瑚动物主要有哪些种类？

珊瑚动物也是海洋中一个大的家族，主要可以归为硬珊瑚、角珊瑚、海笔和海葵四大类。那么,什么是硬珊瑚类动物呢?一个硬珊瑚或称石珊瑚可能就是个单一的水螅体,也可能是一群水螅体因消化腔彼此相连而形成的一个群体。它的排泄物碳酸钙沉积在水螅体的外表面,就形成了珊瑚的硬骨骼,水螅体本身就埋陷在里面。人们是根据珊瑚骨骼的优美模式区分硬珊瑚种类的。

那么,角珊瑚类动物有什么特点呢?角珊瑚类(柳珊瑚)动物包括海扇和海鞭。海鞭有着若干又细又长得像陆生动物的角一样的茎状物,而海扇形成的分枝又是树枝状。它们都具备角质的半硬骨骼,通常颜色鲜明,在热带珊瑚礁上生长得繁荣昌盛。

珊瑚

生活在海洋中的海笔类,它们的与众不同之处是:躯体上有个圆柱形的中央茎,茎的各侧生长出轻软的羽状物,上附着许多水螅体,外观上就像老式的羽毛笔,因而得其名;它的茎下部是深深扎入泥沙中的,起着固定器的作用。

海葵是珊瑚动物的大家族之一,如花朵般美丽的身躯底部就附着在岩石或海底其他物体上。虽然说它们能够非常缓慢地爬行,但其能作出的动作仍很有限。但海葵能改变自己的形状;收缩时像一颗果冻,而全身舒展时,碟形上表面中央的口可以看得很清楚,口的四周都是纤细而能刺螫的触手,不同种类的海葵触手长度有明显的不同。

76. 珊瑚动物是否如花似玉?

每当假日旅游季节到来之时,游客们云集海滨观光旅游,常常会见到那如花似玉的珊瑚工艺品。那么,生活在海里的天然珊瑚的原貌又如何呢?实际上,生长在海洋里的珊瑚由于珊瑚虫及虫黄藻具有不同的颜色,所以它的体部和触手部都显得五彩缤纷,赤、橙、红、绿、青、蓝、紫各色俱全。然而,人们通常所见到的珊瑚则是由于珊瑚虫死后,经过淡水冲刷而形成的珊瑚骨骼,有形如鹿角的鹿角珊瑚,有形如树枝状的柳珊瑚,有形如蜂巢的蜂巢珊瑚,有形如人脑回旋部表面的脑珊瑚,有形如蘑菇状的石芝珊瑚。它们确实洁白如玉,令人爱不释手。

珊瑚虫类动物有"开花动物"的美称,是腔肠动物中最大的一类。这类动物有水螅体而没有水母体,而且只有幼虫可自由流动,成体则固定在海洋底部。它们的消化腔和触手都有刺丝囊,口上带有纤毛。

这一类成员又大致分为珊瑚和海葵两类。珊瑚通常是群体,有硬的或软的骨骼;海葵是没有骨骼的,它是个体生存的水螅体。珊瑚有自海水中提取钙盐的高超本领,奇妙多姿的珊瑚礁正是由珊瑚及其坚硬骨骼构成的。这些坚硬如石的珊瑚骨骼能创造出全球温、热带海洋中星罗棋布的美丽珊瑚礁岛屿,如举世闻名的澳大利亚东北岸的大堡礁,它一直绵延达 2000 千米长。

77. 珊瑚有什么形态特点?

人们从海洋中取出的珊瑚,白的像精巧的云,红的像热烈的火,黄的像秋菊,绿的像漓江的水。它的杏黄翠绿,姹紫嫣红,千姿百态,与金银、翡翠、玛瑙等并列为我国的七宝之一。而在海洋中生长着的珊瑚另有一番景象,海水荡漾,珊瑚似婆婆起舞;鱼儿穿梭,珊瑚似与之追逐嬉戏,虾、蟹、螺、藻点缀其间,恰似一座绚丽多彩的"海底公园"。

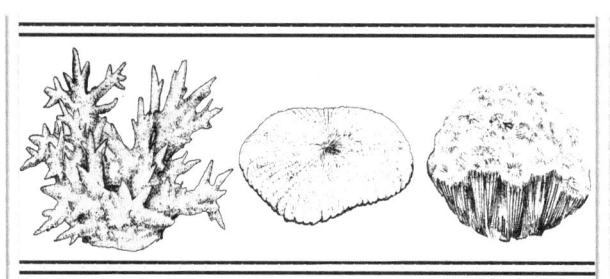

珊瑚的形态

那么,珊瑚有什么形态特点呢?要说珊瑚的形态,不同种类的珊瑚也都各有奇妙之处。六射珊瑚是触手为 6 或 6 的倍数的珊瑚,大多数为群体,少数种类单体生活。它们的群体形状好似树枝、树叶、托盘、皮球、蜂巢、卷心菜或蔷薇花状。而它的单体则是直立生长,有圆锥状、杯状或喇叭状等。八射珊瑚也就是触手为 8 或 8 的倍数,它们都是群体生活。多数的形状是掌状分枝或扇状分枝。珊瑚群体是靠它们的自己分泌物形成的骨骼支撑着。软珊瑚的骨片是游离分散的,骨针只有几十微米到几百微米长;而笙珊瑚的骨骼由骨片愈合形成好似乐器中的笙管;红珊瑚和柳珊瑚的骨片愈合形成群体的中轴。

78. 珊瑚能治疗哪些疾病?

有人说珊瑚是海洋中盛产的灵丹妙药,这是由于珊瑚中含有有效的活性成分。珊瑚中可提取前列腺素,有广泛的药用价值;从珊瑚中提取的抗癌物质,它的抗癌活性也十分明显等。

医学界还总结出,如果将红色磷海底柏珊瑚煮水内服,可治肺病,对小儿惊风有显著的疗效;赭色海底柏珊瑚磨成粉后,用开水冲服,止咳、止泻的疗效极佳;黑珊瑚煮汤内服,可治腰痛出血;夏威夷红珊瑚能治疗白血病,对高血压也有一定的疗效;角珊瑚煮水服用可治疗腰痛和出血。珊瑚还可用来治疗溃疡病、动脉硬化、病毒引起的不治之症等。

柏珊瑚

珊瑚的骨骼主要由角蛋白及细小的钙化骨针组成。

1982年,法国科学家阿兰·帕特尔根据珊瑚含钙率与人体骨骼相似的事实,大胆地用珊瑚给70例伤残者进行接骨手术,全部取得成功,这是人类接骨技术的重大突破。

79. 珊瑚礁是由谁建造的?

大家已经知道珊瑚的种类繁多,而珊瑚又有造礁的本领,那么,是不是所有种类的珊瑚都能造出珊瑚礁呢?海洋生物学家告诉我们:在生态类型上,石珊瑚可以分为两类,一类叫非造礁石珊瑚,另一类是造礁石珊瑚。这两类珊瑚的区别只是与一种单细胞的虫黄藻有关。在珊瑚软体组织内有虫黄藻的石珊瑚才是造礁石珊瑚,没有虫黄藻的石珊瑚是非造礁石珊瑚。

显然,珊瑚礁的真正建筑师是造礁石珊瑚,它们建造的珊瑚礁色泽鲜艳,造型多姿,有的形似树丛,有的像蘑菇,有的状如蜂巢。它们分布在热带、亚热带的浅水区从海水表层到水下七八十米的深处。而非造礁石珊瑚的分布就比造礁珊瑚广泛得多了,它们的足迹遍及整个海洋,从海水表层一直可以延伸到水深6000多米的深海里。

80. 谁是海底花园的建设者?

珊瑚虫属腔肠动物,种类很多,是海底花园的建设者之一。在建设海底花园中使用的建筑材料,实际上是它的外胚层细胞所分泌的石灰质物质,建造出的各式各样的建筑物是珊瑚虫的外骨骼。而人们通常看到的珊瑚便是珊瑚虫死后留下的骨骼。

珊瑚虫一般以群体生活,每个个体之间以一种叫共肉的结构彼此相连,共肉部分能分泌角质或石灰质的外

海底珊瑚

骨骼。珊瑚虫的触手很小,都长在口边,当海水经过消化腔时,其中的食物和钙质都被它吸收。珊瑚的群体骨骼式样繁多,颜色各异。红珊瑚像枝条挺拔的小树;石芝珊瑚像拔地而起的蘑菇;石脑珊瑚如同人的大脑;鹿角珊瑚似枝丫茂盛的鹿角;筒状珊瑚像嵌在岩石上的喇叭……颜色有浅绿、橙黄、粉红、蓝、紫、褐、白……就是这些千姿百态、五彩缤纷的珊瑚骨骼在海底构成了巧夺天工的珊瑚花园。

在热带海区,珊瑚繁殖迅速、生长快,老的不断死去,新的不断成长,骨骼也随之增添扩大。积沙成塔,年深月久,珊瑚骨骼就成长为硕大的珊瑚礁和珊瑚岛了。我国南海的东沙群岛和西沙群岛、印度洋的马尔代夫岛、南太平洋的斐济岛以及闻名世界的澳大利亚大堡礁,都是由小小的珊瑚虫建造的。

81. 小小珊瑚虫有什么本领?

珊瑚虫是珊瑚的软体部分,它的顶部是一圈长满纤毛的触手,绕着椭圆形的口部,形似菊花,所以俗称"石花"。这形似菊花的触手是珊瑚虫的感觉器官和捕食器官。珊瑚虫的攻守武器是刺细胞,它其中的细丝会像鱼镖似的投出去,刺中游到它身边的动物,分泌出毒液将小动物麻醉或致死,以此来捕捉食物。

大家已经知道,造礁珊瑚有造礁的本领,它们的每个珊瑚虫都能为自己建筑石

小小珊瑚虫

灰质的"住宅",我们在珊瑚骨骼上见到了无数的小孔,那就是珊瑚虫死后遗留下来的小住宅。这些小住宅形态各异,结构新颖,每个珊瑚虫一个居室。

经科学家们分析认为:珊瑚虫的外胚层有生骨细胞,这种生骨细胞能够吸收水中的钙离子与二氧化碳结合生成碳酸钙,然后再从细胞中释放出碳酸钙种晶——文石,逐渐生成骨骼。

珊瑚虫建"住宅"的整个过程分两步完成:第一步是细胞内的钙化作用,而第二步是珊瑚虫的外胚层从尾端固定基底开始分泌石灰质。这就好比房子的地基,软体就位于底盘上,然后从基盘上长出石灰质芽孢房,随着珊瑚虫的长大,分泌的围壁也随之扩大,最终完成了整体"住宅"的建造。

82. 珊瑚虫与虫黄藻怎样相依为命?

珊瑚虫是喜欢食肉的动物,通常单细胞的浮游生物、甲壳类小动物以及多毛类、贝壳类、棘皮动物的幼虫都是

它捕食的对象。科学家们发现,这些浮游生物只能维持珊瑚需要能量的百分之几,而珊瑚体内的虫黄藻才是珊瑚虫的重要营养来源。

那么,虫黄藻与珊瑚虫是一种什么关系呢?虫黄藻是与珊瑚虫共生的一种小而圆的单细胞藻类,身长5微米~8微米,750个~1000个虫黄藻一个接一个排列起来才有一粒米那么长,所以只有借助显微镜才能把它看清楚。显然,虫黄藻与珊瑚虫之间的这种亲密关系,正是共生生物之间那种互惠互利的关系。

珊瑚虫在代谢过程中要放出大量的二氧化碳,而过多的二氧化碳又会妨碍珊瑚虫骨骼的生长。虫黄藻则能迅速吸收这部分二氧化碳,同时,它还能从珊瑚虫那里得到营养(如排泄物中的磷和氮)。珊瑚虫则依靠虫黄藻输送来的氧气和碳水化合物,加速其骨骼的生长。

由此可见,珊瑚虫与虫黄藻是相依为命的,仅在每立方毫米的珊瑚组织内就大约共生着3000个虫黄藻。知道了珊瑚虫与虫黄藻的这种特殊关系,就不难理解为什么造礁珊瑚只能分布在70米~80米以内的水域了。因为当水深超过70米时,海水中的光线暗淡后,虫黄藻就难以或根本不能进行光合作用了。

83. 海水对珊瑚的生长有什么影响?

造礁珊瑚是典型的热带海洋动物,我国有200种左右。由于造礁珊瑚需要特殊的生活环境和栖息条件,这就大大限制了珊瑚礁在全球的地理分布。海洋虽然广阔而浩瀚,但适合造礁珊瑚生长的水域相对来说却是很有限的。在现代海洋中,珊瑚礁仅分布在北纬 32°与南纬 32°之间的地区。

造礁珊瑚是一种适应性较弱的动物,它生长所需要的条件比较严格,如海水年平均温度需在 20℃以上,水温在 25℃～30℃之间,珊瑚才能大量地繁殖。例如,我国澎湖列岛曾出现 13℃"低温",使绝大多数珊瑚被"冻死"。但水温高于 30℃时又超出了它的适温范围,因此它们很少出现在热带以外的海域,除非有横向暖流经过的海域,那就另当别论了。

珊瑚还要求海水不能过咸,也不能过淡,一般盐度在 27～38 之间,以 27 最为适宜。因此,它不能在大河的河口区繁殖,因为那里的盐度很低,表层海水又比较浑浊。就是在热带海区,由于暴雨常常引起表层海水变淡,特别是在平静无风的天气中更容易造成这种现象。在这种情况下,当海水处于低潮时,接近或露出海面的珊瑚就处于不利的环境下,甚至会导致某些属种的大面积死亡。

84. 阳光对造礁珊瑚有什么影响?

"万物生长靠太阳",这确实不假,就是生活在海底的造礁珊瑚也需要阳光的温暖。阳光是造礁珊瑚生长的必要条件之一,这主要是因为与造礁珊瑚共生的虫黄藻必须靠阳光才能进行光合作用。在珊瑚岛的周围,一般情况下,造礁珊瑚所能繁殖的深度小于 50 米。由于海水、浮游生物和悬浮泥沙对光线的吸收,光线随海洋深度的增加而迅速减弱。即使是在特别清晰的海水中,也只能有少数几种造礁珊瑚勉强可以生活在 100 米的深处,对于绝大多数造礁珊瑚来说,70米～80米的海水深度已经是它们的生存极限了。

85. 珊瑚是怎样繁殖的?

珊瑚虫是通过有性繁殖和无性繁殖两种方式延续种群的。珊瑚的有性繁殖是通过受精卵在消化腔中发育成幼虫的。在有性繁殖过程中,雌雄同体的珊瑚虫,它的卵巢和精囊都在隔膜上,成熟排出的卵子和精子,在腔中结合发育成幼虫,由口道水流排出。而雌雄异体的珊瑚虫,它们雄虫排出的精子随水流进入雌虫的消化腔,与卵子结合发育成幼虫,也由口道排出。这些浮浪幼虫全身长满纤毛像个倒梨形,随海流漂移,借助自身特殊的传感器,选择合适的基底定居下来,就发育成一个个小小的珊瑚虫了。

那么,无性繁殖的珊瑚虫是怎样繁殖的呢?一种是在珊瑚群体的躯干上,从虫体之间的空隙中长出芽孢;另一种是在珊瑚群体的边缘和外端像树木长出新芽一样,向上、向外生出芽孢,每个芽孢都能变成新的珊瑚虫,同时生长出骨骼来。如此循环不止,成千上万的珊瑚虫就成长起来了,在这样的一个珊瑚群体中,很难区分相互之间的身份关系。

86. 海流对珊瑚群体的形态有影响吗?

珊瑚体具有繁多的生长形式。有的长成粗大的树枝状,枝的末端呈钝形,粗几厘米,整个群体的高度可达1米以上;有的则长成灌木状,枝成尖形,基部较粗,或在水平的分支上生长许多直立的短枝;还有的群体上生长出几毫米的宽阔叶片,叶片斜向上,好像散开的卷心菜。有些树枝珊瑚生长到接近海面时,变成扁平的壳状,以适应激浪环境。

珊瑚的生长形式的变化之所以千变万化,这些都与它们的生长环境有关系。在激浪冲击的水下岸坡处,总是生长着无数小枝状珊瑚群体,它们构成的是层层重叠的板块,紧紧地贴在基底上。而在激浪冲击带以下或板块状的群体之间,发育茂密的是树丛状群体。由此可知,海水运动的状态对珊瑚群体的生长形态影响是很大的。实际上,珊瑚群体为了对付波浪和海流对它的压力,往往也有两种适应方式:一种是随能量的增强,从枝状形态逐渐变成紧密的块状形态,再变成皮壳状形态;另一种是保留枝状形态,只是分枝的方面顺海流或波浪的方向逐渐定向。

87. 石珊瑚的繁殖能力如何?

造礁石珊瑚繁殖的速度是惊人的。一方面,它以出芽方式大量地进行无性繁殖,促进珊瑚礁不断地向四周

石珊瑚

增大,扩充自己的地盘;另一方面,有性生殖产生的浮浪幼虫,可以自由漂游,从而把珊瑚虫"移居"到较远的地方,建筑新的家园,扩大自己的分布范围。

一般来说,幼虫阶段延续时间长的珊瑚种类,地理分布就比较广,反之,则比较窄。造礁珊瑚的再生能力也是比较强的,即使它的群体被风浪冲击折断,经过一段时间,在短肢上同样能以出芽方式继续繁殖。珊瑚虫就是以这样的毅力建造出雄伟的珊瑚礁。

88. 珊瑚藻也是造礁"英雄"吗?

珊瑚藻是一种藻类植物,在植物分类学上属于红藻门,是现代珊瑚礁中仅次于石珊瑚的另一大家族,如夏威夷群岛环礁中30%～50%的面积覆盖着的是珊瑚藻。

珊瑚藻在生长过程中,每个细胞都能分泌钙质鞘,当这些鞘把细胞全包住后,细胞也就死亡了。有的珊瑚藻的钙化枝还有活动的关节,那是为了在水流动时能弯曲,不会被折断。珊瑚藻常常成一种皮壳状紧紧地贴在礁岩表面,或包裹砾石,或把松散的砂、砾胶结在一起,使珊瑚礁黏结得更加坚固。在太平洋和印度洋的许多环礁边缘的外侧,都有由珊瑚藻建造的潮间藻脊。

藻脊在珊瑚礁的建造中有着重要作用。珊瑚藻是紧贴礁缘表面繁殖的,犹如铺盖一层厚毡一样,厚度有的可达1米左右,形成一道道隆起的"脊",成为礁坪与深水的分水岭。这种藻脊可以消耗掉海浪冲击的大部分能量,从而能很好地保护珊瑚礁。因为,当从外海传来的排浪冲击到礁缘藻脊上时就会化成一片白色浪花,故有"破浪带"之称。

89. 造礁生物有哪些"业绩"?

在海洋中造礁生物的品种繁多,但作为总建筑师的石珊瑚一般形成两种类型的群体,即慢速生长的块状群体,每年约长1厘米,如高星珊瑚等;另一类型是快速生长的枝状群体,每年长4厘米～10厘米,如鹿角珊瑚等。块状群体组成原生骨架的大部分,而枝状群体主要在礁的外缘或底部丛生。其他造礁生物如珊瑚藻、苍珊瑚、笙珊瑚、多孔螅、海绵、苔藓虫和包壳有孔虫等则在不同部位,以不同方式配合石珊瑚造礁。

虽然珊瑚虫从幼体长到成体历时并不长,但珊瑚礁的形成却要经历漫长的地质年代。由无数造礁生物世世代代地分泌石灰质骨骼,一个挨一个地粘连成骨架,再一个叠一个地聚集,才形成了巨大的礁体。

在珊瑚礁中,既有美丽的珊瑚丛生,又有众多复杂的生活小区,因而吸引了大量的海洋动物来安家落户,并世世代代地繁衍下来。这种繁盛景象的形成首先应归功于石珊瑚,因为只有它能够为海洋生物提供这种安全而舒适的栖息地。

90. 珊瑚"大厦"里的"居民"怎样安家落户?

在建造珊瑚礁的过程中,一方面是造礁生物的世代繁殖,沉积碳酸钙,另一方面是海洋动力的侵蚀和破坏;它们相互制约的结果是造成礁体的多层结构,并且布满各式各样的网状洞穴。这样一个礁体就像是一幢高层建筑,为后来迁入的各种海洋动物准备好了不同层次的栖息地。同时,这里的造礁生物还在不断地水平向外和垂直向上地生长着,不停地扩大"建筑面积",为各种生物提供更多的新"住房"。

喜礁动物们按照各自爱好的深度条件和生活习性选择某一层次的"房间"安家落户。例如,礁缘底部水深约70米以下的洞穴或悬礁底部,常常成为不爱阳光生物的理想"居室"。往上一层,则分别被适合相应条件的各类钻孔生物、穴居生物、固着生物、滤食生物和捕食生物所占据。而在建筑物的最高层即接近海面的礁表面,由于海水动荡,阳光充足,氧气丰富,饵料富足,自然也就成为喜爱阳光的生物的栖息场所了。

91. 珊瑚礁里有哪些"居民"?

人们通常把珊瑚的"左邻右舍"归为一类,称为喜礁生物。那些千奇百怪的喜礁生物虽然不是直接建造骨架的成员,但是它们死后留下的钙质骸骨和贝壳则是珊瑚礁里重要的沉积物成分,有的还是造礁珊瑚的食物来源。

按照喜礁生物的居住条件,可以把它们大致分成三类:第一类是生活在表层的生物,它们能够用自动或被动的方法在水层内活动,如浮游动物和鱼类等;第二类是定居在礁表面上的生物,如软体动物、棘皮动物、节肢动物、有孔虫和藻类等,其中一部分是自由活动的,而另一部分是固着生活的;第三类是居住在礁岩内的钻孔生物,这是礁内最普遍的一类生物。

92. 珊瑚群落的基本食物是什么?

浮游生物由浮游植物和浮游动物组成。例如,在西沙和中沙群岛海域,主要的浮游植物为硅藻类、甲藻类和蓝藻类;主要的浮游动物为浮游甲壳类、浮游贝类、被囊类和水母类,以及珊瑚和其他底栖动物的幼虫。这些都是珊瑚群落中的基本饵料。

虽然大多数浮游生物是由波浪和海流从大洋中带到珊瑚礁海域来的,但是,它们对珊瑚群落的发育却起着重要作用。从海洋食物链关系来看,浮游植物是初级生产者,构成海洋生物食物链中最基本的一环;浮游动物一部分是浮游植物的消耗者,一部分又是肉食者,是海洋中的次级生产者,支撑着上一层或更高层的海洋生物,也是珊瑚和其他生物的主要捕食对象。所以,珊瑚礁海域的浮游生物丰盛与否,与珊瑚群落的兴衰休戚相关。

在珊瑚礁海域,浮游生物的成分在一年四季中是经常更换的。在春季是珊瑚等生物繁殖时期,能产生大量的浮游幼虫,从而增加了海域中浮游生物的数量。而到了冬季,浮游生物则主要靠从外洋输入补充。

93. 珊瑚鱼的体色和花纹有何作用?

海底美丽的珊瑚礁岩吸引着众多的海洋生物竞相在此安家落户,一座珊瑚礁岩可以养育鱼类多达 400 余种。在这些鱼中特别引人关注的是那色彩斑斓的珊瑚鱼自由自在地在海水里游来摆去,显得异常靓丽。

你知道在弱肉强食的海洋环境中,这小小的珊瑚鱼是怎样躲避敌害的吗?原来,珊瑚鱼体上普遍有十分艳丽的色带或彩斑,这些色带或彩斑可以随环境调节和变化,能够巧妙地与环境融为一体,起到隐蔽和保护珊瑚鱼

珊瑚鱼巧妙的伪装色

身体的作用。当猎食者看到彩斑时,会受到迷惑而产生错觉,珊瑚鱼便可以趁机脱险了。珊瑚鱼就是凭借着这种高超的变色本领和伪装技术,在十分恶劣的生存环境中繁衍生息。

94. 珊瑚礁里哪种植物生长最茂盛?

在珊瑚礁的表层,浮游植物和底栖植物非常繁茂,它们通过水层吸收阳光,进行光合作用,是一类有趣的植物群。珊瑚群落之所以要求良好的透光层,归根结底是因为这些植物群的存在。

藻类是其中最茂盛的一类,它们就像厚毡似的覆盖在礁岩表面上。常见的藻类除了大家已经了解的珊瑚藻外,还有蓝藻、绿藻和褐藻等。它们具有两种生态:一种叫作岩生藻类,是生长在坚硬的礁岩和粗砾石上的海藻;另一种则叫作砂生藻类,是分散生长在松散的泥、砾底上的海藻,生长密度较小。

95. 珊瑚岛上植物的种子是怎样传播来的？

珊瑚岛是从海水里"长"出来的，不与陆地连接。那么，岛上的植物种子是怎样传播来的？

当珊瑚礁发展形成珊瑚岛时，老态龙钟的爬行类海龟就成为经常光顾的老主顾了，它们在砾岛上挖坑下蛋、繁衍后代。海鸟更是以岛为家，它们对岛上植物的种子传播起着很大作用，这些植物的果实都有带刺或其他附着器官，可以附着在鸟的羽毛上，同时也易于为鸟类吞食排泄，从而借助鸟类的迁徙而传播到各珊瑚岛上。

由海流传播的植物种子或果实，大多数适合于在海岸或海滩上生长，耐盐能力强，并且有顽强的繁殖能力，如生长在潮间带、耐盐能力很强的红树等。风传播的植物种子是具有轻浮孢子的植物。

96. 寄居蟹是虾还是蟹？

寄居蟹是珊瑚礁里居住的常客，它身上背着一个螺壳，在珊瑚间穿梭自如。它其实是一类介于虾和蟹之间的甲壳动物，头部和胸部看上去很像蟹，但它的腹部柔软，呈螺旋状盘曲于螺壳内，用后端的尾扇钩住螺壳

寄居蟹

的顶部。寄居蟹不是生来就背上一个螺壳的，它幼年时

光着身子在水中游荡,成年以后才寻找一个安全的"小屋"居住,以便保全自己,空螺壳正是它理想的"小屋"。

97. 珊瑚礁中生长着哪"四大家族"?

在众多的珊瑚礁动物群落中,数生活在珊瑚礁表面的底栖动物最活跃了,其中的软体动物、有孔虫、棘皮动物和节肢动物是珊瑚礁中最兴旺的"四大家族"。

它们之中的名门望族当属软体动物了,如单壳贝类的鲍鱼、马蹄螺、蝾螺、凤螺、法螺、宝贝、蜘蛛螺和水字贝,以及双壳贝类的珍珠贝、扇贝、光壳蛤等,它们的贝壳五光十色,形态多样。

体形特大的砗磲是珊瑚群落中特别引人注目的"寿星巨人",其壳长达1米多,重量达200千克,可以当浴盆使用,它的寿命很长,可存活2个世纪,但它从浮游幼虫末期就开始栖息在礁石间,终生不能移动。

在珊瑚群落中,有孔虫是又一大家族。它们属原生单细胞动物,身体由一个细胞组成,壳体构造复杂,分隔成数个小室,壳壁有无数小孔,由此溢出原生质及丝状的伪足,常常是数个个体相连,分裂繁殖迅速,广泛散播在珊瑚礁表面,又喜欢生活在潮湿的礁石底下或洼地中。

海参、海星、海胆和蛇尾类是珊瑚礁表面上常见的底栖动物。它们的体形多样,有星形、五角形、半球形、心形和圆筒形,有的还形似植物。它们是一种再生力很强的动物,其外部器官损伤或断落后还能够再生。

蟹和虾是居住在珊瑚礁表面上的甲壳动物的代表。在珊瑚礁的成长中,它们最大的功绩是吞食尸体,清除腐物,为有利于新生命的繁殖创造优良的环境。龙虾种类繁多色泽鲜艳,形体英姿威武,是珊瑚礁景观中最为有趣的一族,它们喜居于水深几米或十几米的礁石缝隙、珊瑚丛和两端开口的洞穴中,最大个体可达60厘米,重达5千克。

98. 谁是珊瑚礁里暗藏的破坏者?

珊瑚礁里既有友善的寄居者,也有恶意的破坏者,钻孔动物就是珊瑚礁中的侵蚀者。它们遍布整个珊瑚礁,遇到生物骨骼就以机械的方式钻磨或借分泌酸液进行

珊瑚礁

酸解,使礁岩布满孔洞。最厉害的是专门在礁岩或活珊瑚群体上钻孔生活的双壳贝类,如海枣和小䃰碟、穿贝海绵,其次就是海胆、海绵、蠕虫和藻类等。钻孔生物掘进的速度很可观,而且每一类都能钻出一定形状的洞来,如海枣,它在3年之内能掘进4厘米~5厘米的深洞,洞口

多呈"8"字形,易于辨认。

每一类钻孔生物都有固定的垂直分布范围,并且能适应不同硬度的礁岩,如钻孔的瓣鳃类动物分布在最上层,多半能钻入坚硬的礁岩中;钻孔海胆则居住在比较深的部位,利用它那能够旋转的刺钻凿礁岩;海绵和藻类往往能钻入活的珊瑚群体中,珊瑚虫虽然有刺细胞作武器,能防止企图在它身上活动的动物,但是,钻孔藻类并不怕刺细胞,珊瑚也不能拿它们当食物,所以有些藻类能够钻穿活的珊瑚群体,甚至使珊瑚群体最终死亡。

99. 为什么大堡礁具有神话般的魅力?

大约在6000年前,最后一次大冰期过后,在澳大利亚东部沿海出现了许多沙洲,同时还形成了面积广泛的海滩岩,这为造礁珊瑚的生长奠定了基础。今天,大堡礁已由2600个不同类型珊瑚礁和300个岛屿组成,北面伸展到托雷斯海峡,南端直达塔斯曼海以北。它的面积是美国得克萨斯州的一半,比维多利亚或大不列颠的面积还要大。神秘的澳大利亚大堡礁美如仙境,有人曾用4个字对它进行了高度概括:博、大、奇、秀。"博"是指它包罗了数以万计的各种类别生物:它们生息在一个共同的环境,组成色彩斑斓的大千世界;"大"是指它的规模:大堡礁是个狭长的巨大礁群,从北到南绵延2000多千米,最宽的地方达240千米,是地球上最大的珊瑚礁;"奇"是指类型丰富:大堡礁包括了大大小小、多姿多态的各种岛礁,类型之奇特是世界上其他地区少见的;"秀"是指大堡礁的水下世界胜似仙境。这是大自然数千年的精工之作,是任何人力所不能及的。

100. 大堡礁为什么能吸引众多的海鸟?

海鸟、海龟和红树林是大堡礁的三大资源。大堡礁众多的岛屿都是海鸟和涉禽类的乐园。在海鸟栖息地,成千上万的海鸟大军会使人感到惊讶。如果贸然造访,众鸟齐鸣,这震耳欲聋的不欢迎的声音在提醒你:不要轻易进入它们的领地。仔细观察后不难发现,海鸟们原来已经瓜分了各自的势力范围:这是海燕的地盘,那是鲣鸟的园地,秩序井然,方寸不乱。海鸟栖息方式也有所不同:燕尾鸥住在洞穴里,黑燕鸥栖息在树上,但大多数海鸟都把家安在地面上,有的鸟巢也仅仅是在砂土表面挖个浅坑而已。

人们不禁要问,大堡礁为什么引来众多的海鸟呢?原来,吸引海鸟的原因主要有两个:一是大堡礁环境优越,浅而温暖的海水适宜生存大量鱼虾、海藻和别的生物,有丰富的食物源;二是大堡礁距陆地16千米～160千米,中间是35米～70米深的狭长水道,它使大堡礁上的岛屿成了安全岛,把许多食肉动物和海鸟的天敌从陆地上隔离开,有利于雏鸟和鸟卵的保护,使它们不受伤害。

101. 大堡礁有哪些珍稀动物?

除了海鸟,大堡礁还是许多珍稀动物的栖息地。全世界海龟共有7个种类,其中有6种在大堡礁生息,最常见的就是绿海龟和玳瑁。大堡礁北部的雷那岛是海龟常去拜访的地方,海龟常在夜间上岸活动,许多海龟在大海内闯荡终生,待精疲力竭来到岛上后,便再也回不去了。

望着雷那岛上那海龟的累累尸骨,会使人产生世间沧桑的无限感慨。大堡礁这一理想的栖息之地,还强烈地吸引着来自南极的座头鲸,它们不远万里也要来此繁育后代。海牛也常造访这里,并在礁内的海草茂盛处营建自己的家园。

102. 珊瑚丛中的蓑鲉有什么毒门秘笈?

在五彩缤纷的珊瑚礁丛中,生活着一种绮丽的翱翔蓑鲉。它那美丽的外表,红褐相间的条纹鲜艳夺目,与海底色彩缤纷的珊瑚、海葵相映成趣。蓑鲉一般生活在热带海洋中,我国的西沙群岛、广东海域都有它生存的栖息地。

蓑鲉

蓑鲉体长只有25厘米左右,它那张开的胸鳍酷似古代人身披的蓑衣。它的背鳍、臀鳍和尾鳍全是透明的,鳍上有棘刺,长长鳍条的根部及口周围的皮瓣均含有能够分泌毒液的毒腺。当它遇到威胁时,就会尽量张开那长长的鳍条,看上去酷似一位头插雕翎、身背护旗、威风凛凛的"武士",在向对手示威。同样,它鲜艳的体色也是一种危险的信号,向对方发出警告。如果真遇上胆子大的鱼,蓑鲉就会使出浑身解数与大鱼周旋,把全身的鳍条充满毒液,一会儿展开,一会儿收回,进攻性极强。即使不幸被大鱼咬住,它那全身的鳍条也很难吞咽下去,如果卡到嘴里再给吐出来还会被它刺伤,也可能会中毒身亡。由此可见,只有被毒到的鱼才能领会到蓑鲉那毒门秘笈的招数究竟有多厉害。

103. 大堡礁上的蝙蝠有多大?

在大堡礁上,与海岛构造密切相关的就是红树林了。红树林是热带海岛上特有的植物。构成红树林的树种很多,它们都具有一个共同的特点:具有吸收和排出盐分的功能。

在红树林内生活着许多动物,除各类海鸟以外,还有各种蛇和蝙蝠。凯恩斯以北沿海岛屿的红树林内,生活着一种体形硕大的蝙蝠,它的两翼展开长达1米。每当傍晚时它们总是成群出动,当它们在夕阳和晚霞的映照下从低空掠过时,会让人感觉好似见到了神话中的怪鸟一般。

104. 大堡礁水下世界有多神奇?

事实上,最使人惊叹的还是大堡礁那清澈透明的水下世界。在那里生活着大堡礁的建造者——千姿百态的珊瑚。远远看去,一束束如五颜六色的花丛,一簇簇如茂密浓郁的树林,一对对如弯曲伸展的鹿角,一团团如浑圆巨大的磨盘。阳光下,各种珊瑚争相展示它们的颜色,万紫千红、引人注目。

大堡礁探秘

在珊瑚组成的海底丛林中,栖息着大约 4000 种软体动物(包括各种螺类、蛤类等),这些软体动物中的巨人就是砗磲,最大的砗磲可以把人装进去。而那些小型软体动物有的要比黄豆粒还小,玲珑可爱。它们有的躲藏在珊瑚枝下,有的栖身于礁洞中,令人目不暇接。

105. 大堡礁中哪种动物最美丽?

与珊瑚生长在一起的还有几千种海绵、蠕虫类、甲壳类的蟹和虾,棘皮类的海星、海胆、海参等。海绵色彩鲜艳,红的似火、绿的如翠,大型袋状海绵可高达数米;蠕虫类千奇百怪,它们全都躲藏在泥沙缝隙中,只露出花朵似的触须;无数的虾、蟹数也数不清,那些几乎无色透明的小虾成群地在珊瑚中穿梭游动,好像浮云,又似白雾;在礁穴、礁石和各种珊瑚上,你还可以看到五花八门的棘皮动物、与黄瓜形态相似的海参、像滑稽可爱的小刺猬一样的海胆,样子最容易辨认的海星,它们长着五条辐射腕,在珊瑚丛中慢吞吞地散步。

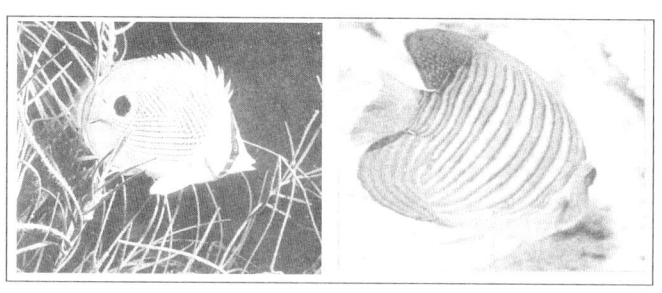

珊瑚鱼

在大堡礁里最美丽的动物就数珊瑚鱼了。它们成双成对或成群结队,有的像翩翩飞舞的蝴蝶,有的似身巧快捷的飞燕,有的珊瑚鱼背、腹的鳍条就像两柄长剑,有的珊瑚鱼吻部突出呈细管状,就像是一边游玩一边吹奏长笛的天使。所有的珊瑚鱼身上都有鲜艳的颜色或漂亮的图案,或条纹,或斑点,千变万化。它们把珊瑚礁作为生息活动的大舞台,世世代代,不断繁衍。

106. 大堡礁是"和平世界"吗?

当你和这些光彩夺目的珊瑚鱼一起在海底花园遨游时,可千万不要忘记,那里还隐伏着危险的鲨鱼;在那些阴暗的角落里,还躲藏着许多小动物的死敌——海鳗和海蛇。事实上,大堡礁内的生物并非都能够和睦相处,除了鲨鱼、海鳗和海蛇对礁内生物有危险外,不少生物还直接对珊瑚礁构成威胁。

那些钻孔海绵常使珊瑚和贝类受到致命的伤害。宝贝虽有美丽无比的外壳,但在软珊瑚看来却是克星,因为软珊瑚经常受到宝贝的啃食。就连软珊瑚与硬珊瑚之间也存在着生存竞争。软珊瑚常把有毒的化学物质释放到水中,这些毒素聚集在硬珊瑚体内后,就能阻碍或延缓它们的生长发育,直至死亡。在大堡礁内,最凶恶的敌人就是棘海星了,它们常聚集成群,当它们从珊瑚上经过时,留下的将会是一片白骨。

那么,长此下去,大堡礁不是要毁于一旦吗?生态学家告诉我们:这种现象永远不会发生。因为,恰恰是珊瑚礁内的生存竞争才导致了生态平衡。棘海星的大量繁殖不一定是坏事,它们吃掉了造礁珊瑚还可为其他珊瑚和众多生物创造繁衍机会。况且,棘海星也不可能大量繁殖,因为它们也受自己的天敌——梭尾螺的控制。

107. 为什么说大堡礁是最诱人的海洋世界?

澳大利亚的大堡礁是世界上最大的海洋公园,堪称自然界的瑰宝,是大自然馈赠给人类的无价财富。在大堡礁,人们可以捕获到大量的对虾和经济鱼类,许多软体动物和棘皮动物均可食用。海产品经加工后可销往国外,为澳大利亚增加巨额收益。渔业的发展也带来了与其相关的渔业加工工业、船舶制造业等的发展,在振兴经济方面,人们对大堡礁寄予厚望——让瑰宝放出异彩。

对科学家来说,那里更有无穷的奥秘吸引着他们。每年,大堡礁都要接待来自世界各地的鱼类学家、鸟类学家、生态学家、地理学家到这里考察,从事科学研究。

大堡礁是最令人神往的旅游胜地。为使大堡礁的自然资源得到合理利用和保护,澳大利亚昆士兰州建立了大堡礁国家海洋公园。许多岛屿上建有宾馆、剧场、商店、酒吧,当然还有广阔的海滨浴场。人们在那里可以尽情地享受大自然所给予的快乐,或在温情的大海中嬉戏,或在洁静的海滩上漫步,或乘游艇饱览水下世界的风光,或在无际的礁坪上寻觅探宝……当你乏累感到腹中空空时,可以坐下来吃到真正的海鲜。在那里,不同肤色、不同国籍的人欢聚在一起,共同陶醉在大堡礁的美妙环境之中。

108. 海洋棘皮动物怎样生活?

海洋棘皮动物是一大类皮上有棘状突起的动物,现有5700种,分别属于海星、海参、海胆及海百合。它们没有明显的头部,也没有明显的呼吸及排泄器官,体表纤毛下面是骨骼。海

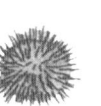 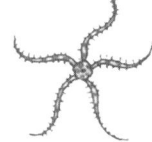

海胆　　海星或海盘车　　真蛇尾

棘皮动物

参类的骨骼极微小,仅在显微镜下才能看到;海胆类的骨骼由许多骨片构成,相互排列成一定的形式,或是愈合成一个完整的壳,在壳外有许多凸出来的长棘。它们都依赖于发达的体腔和独特的水管系统两侧的管足移动身体、进行气体交换、摄食等活动。

海洋棘皮动物可在海底缓慢移行或固着生活,有群居的习性,随着食料和繁殖季节的变化,它们还常常成群结队地从一个地方迁到另一个地方。它们有着自己独特

的生活习性,常常分布于沙底、岩石下或珊瑚礁的海底;它们对海水盐度要求比较严格,在低盐的海水中分布很少,在热带和温热带海域中比寒带海域中的种类要多。

109. 棘皮动物有什么体形特征?

棘皮动物的体形多种多样,有星形的、球形的、圆柱形的,还有树状分枝形的等等。尽管如此,它们却都有共同点,那就是没有头部、体部之分,身体呈辐射对称,而且以五辐对称为主。所谓五辐对称,就是通过虫体的口面至反口面的中轴,可以把身体作5次不同的切割,所切出的五部分基本上又互相对称。

可是,棘皮动物的幼虫却仅仅是两侧对称的。那么,为什么棘皮动物从两侧对称演变成了辐射对称呢? 科学家给出这样的解释:棘皮动物的祖先也是行动灵活的两侧对称型动物,辐射对称是它们后来为了适应固着或不大活动的生活方式而演变形成的。在整个动物界中,只有棘皮动物是幼虫两侧对称、成虫呈辐射对称的动物。

110. 海参有什么样的体态?

海参是生长在海洋底层岩石上或海藻间的一种棘皮动物,因为"其性温补,足敌人参",因此得名。人们从水族馆里可观察到活海参的外形,它那细长圆状的躯体,肉多而肥厚,体表长满像肉刺似的东西,所以人们又形象地称它为"海黄瓜"。

大多数种类的海参通常横卧于海底,因此变得背腹明显有别。海参深居海底,有触手的海参能够挖洞,并能像蠕虫般收缩肌肉而移动。各种海参都有管足,只是用管足和肌肉的伸缩在海底蠕动爬行，爬行速度相当缓慢，1小时走不了3米的路程。海参触手是经过特殊变化的管足，用以捕捉食物。它的内骨骼已退化成只是皮肤内的一些结晶状微小块片。它生来就没有眼睛，更没有震慑敌胆的锐利武器。难以想象，亿万年来，它们在弱肉强食的海洋世界中是怎样繁衍至今的！

海参的体态

别看海参其貌不扬，其生存历史却令人惊诧不已：它们早在6亿多年前就已经登上了历史舞台，比原始鱼类出现还要早。海参的骨片化石已成为古生物工作者划分地层和研究古地质的一项重要依据。

111. 海参为什么夏季休眠？

人们都知道，陆栖动物如蛇、蝙蝠、青蛙、刺猬、熊等都有冬眠的习性。每当寒冷的冬季来临，水冷草枯，觅食困难，它们就只好躲藏在各自的巢穴，靠体内的养分休养生息。

可海参却反其道而行之,偏偏选择在食物丰盛的夏季休眠。就拿刺参来说吧,当水温升至20℃时,它便不声不响地转移到深海的岩礁暗处,潜藏石底,仰面朝天,进入休眠期。在休眠期里,它不吃不动,一睡就是三四个月时间。这期间它的整个身子萎缩变硬,待到秋后才苏醒过来恢复活动。

那么,海参为什么要在夏季休眠呢?据海洋学家解释说:平日里,海参是靠捕食小生物为生。这些小生物对海水的温度很敏感,当海面水暖时,它们就往上面游,而当海水水冷时则潜回海底。在入夏之后,海面暖和,平时生活在海底的小生物纷纷游到上层水域进行一年一度的繁殖,而栖身海底的海参没有上浮的本事,迫于食物中断,只好隐居石下进行夏眠了。

112. 海参为何食沙子?

海参有个俗名叫海胖子,最大的一种海参是梅花参,最长者有1米多,与一个小孩的身高差不多。上面介绍过海参对海水温度变化非常敏感,它们一般只生活在冷水中,若水温超过20℃,它们就会向更深的海中迁移,隐伏在岩石间不吃不动,进入夏眠,到仲秋天凉水温下降后,再开始逐渐苏醒爬向浅水。

海参大都生活在20米深的海底,但在150米的海底也能发现它。平静偏僻的海湾颇受海参的青睐。海参通常以海藻为鲜美的饵料,海参的嘴四周长着一个由20只触手组成的"花冠",用以寻找食物,进食时总是连沙子一同塞进嘴里。一只海参每年塞进嘴里的沙子竟达36.9

升,这到底是为什么呢?原来,在这些沙子上有它们所需要的食用细菌。

113. 海参是怎样防身的?

面对危机四伏的海底环境和凶残狡诈的各种敌害,海参以它特殊的斗争形式保护自己。每当风起浪涌之时,如果不及时躲避,海浪将会把附着能力较差的海参无情地卷走。但海参有预测天气的本能,当风暴即将来临之际,它

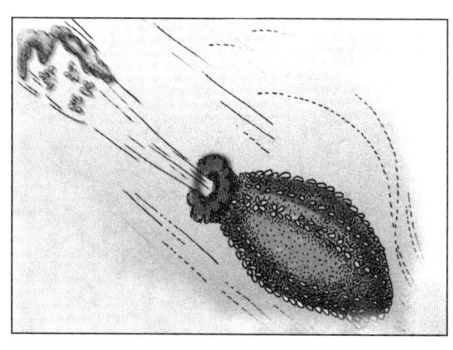

海参的防身术

就能提前躲到石缝里藏匿起来。当渔民发觉海底不见海参时,就预知风暴将临,便会赶紧收网返航。

海参还能像对虾一样,随着居住环境而变化体色。生活在岩礁附近的海参为棕色或淡蓝色;而居住在海草中的海参则是绿色的。海参这种变化的体色,能有效地躲过天敌的伤害。

尽管如此,海参也总免不了会遭到一些特殊的侵害,于是它们在世世代代的生存竞争中形成了一套特殊的求生护身术。当阴险狡猾的海盘车、贪婪凶恶的大鲨鱼垂涎欲滴地偷袭过来时,警觉的海参便会要弄一下"分身术",通过身体的急剧收缩,迅速地把体腔内又黏又长的肠子及树枝一样的水肺一股脑儿地从肛门喷射出来,迅

速地射向敌人,转移对方视线,而躯体则借助排放内脏的反冲力逃得无影无踪。有许多海参还能从肛门释放出一些毒素回敬挑衅者。

失去内脏后的海参,经过几个星期的休生养息,体内会重新长出内脏,恢复元气。不仅如此,若把海参切成两段放回海中,经过几个月以后,头尾两部分还会分别长成另一个新的海参。海参有了这种"丢卒保车"的高超本领,就能逃避敌害,保护自己。

114. 海参体内有何奥秘?

海参的生存本领已令人惊叹,在它体内出现的两种奇异现象更是令人困惑不解。

一种现象是海参不知为何要与光鱼和谐共生。这种光鱼又称潜鱼,体型小而光滑,时常钻进海参的体腔内寻找食物或躲避敌害。光鱼若是用它的小脑袋探寻到海参的肛门后,就把它的尾巴插入,然后伸直身躯,再向后蠕动,钻入寄主的体内。有人发现,在一只海参的体内竟栖居7尾以上的光鱼。光鱼白天把参体当做舒适的寓所,夜里则出来寻找一些小甲壳之类的动物充饥。

可是,不幸的海参做了寄主,非但得不到一点好处,反而还会使它的内脏器官遭到损毁。尽管如此,彼此还是和睦共处,从不分离。栖息深海的海参,一般都有1尾或多尾光鱼隐伏体中。可是,接近海岸的海参,几乎没有光鱼潜伏寄生。

另一种奇怪的现象是几年前人们才惊奇地发现的,那就是海参的皮下竟然贮存着一个小小的纯铁球!这个小铁球的直径只有0.002毫米那么大,人们至今也不知道这个小铁球对海参有什么用处。据猜测,这个小铁球可能是作为食物缺乏时的一种贮备。有关专家猜测:探明海参贮存铁球及与光鱼共生的关系,或许将会揭开海参长生的奥秘。

115. 海百合是"鲜花"吗?

在很深的海底还生长着另一种"植物",由于它的形状很像百合花,人们就给它取了一个美丽的名字"海百合"。

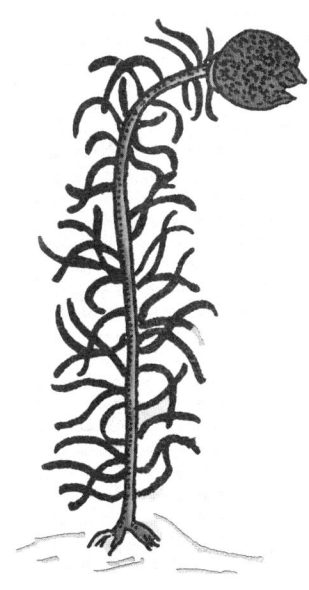

海百合

海百合身体柔软多姿,那挺拔的"茎秆"长约0.5米,五棱形状,分许多个节,节节生枝,节上长出卷枝,顶端长出一朵含苞欲放的"花朵"。你看它那亭亭玉立的姿态,仿如一枝盛开的鲜花。其实它根本不是花,它头顶上的花朵是个捕虫的网。科学家却早已剥去了它的伪装,知道它和海葵一样也是一种生活在幽深海底、娇艳如花、十分凶残的海洋动物。它是棘皮动物的一种,同海参才是近亲。

海百合的肉体由无数细小的骨板连接包裹起来,灵活自如。它的嘴,长在花心底部,嘴巴周围有5条"腕",每条从基部分成两大枝,每枝再分出两枝。这样一来,它便像长了20只手似的。每条腕枝上还分生出羽毛般的细枝来,那如同网子的横线,可用来挡住入网的虫子,不让它们漏网逃走。

海百合大小腕枝内侧有一条深沟,名叫"步带沟"。沟内长着两列柔软灵活的"触指"。它朝着海水流动的方向撒开,如同一朵盛开的鲜花。一批随水闯入的小鱼虾,懵懵懂懂,被它步带沟里的触指抓住,然后像扔上传送带的肉,由小沟送进大沟,再由大沟送入嘴里。当它吃饱喝足时,腕枝轻轻收拢下垂,再美美地睡上一觉,这时的海百合宛如一朵即将凋谢的花。

116. 飘飘洒洒的羽星是动物吗?

海百合一辈子扎根海底,不能行走。在弱肉强食、竞争险恶的大海中,它们常遭鱼群踩蹋,被咬断茎秆,吃掉花儿,难逃劫运。被咬断茎秆、仅留下花儿的海百合仍然五彩缤纷,悠荡四海,被人称作"海中仙女",生物学家给它另起了个美名——"羽星"。

令人费解的是,没有了茎秆的羽星也能独立存活,并生成了一种新的动物。羽星体含毒素,许多鱼儿不敢碰它。可仍有一些不怕毒素的鱼,对它毫不留情。为了生存,它们只好大白天钻进石缝里躲藏起来,入夜才悄悄地出洞,翩翩起舞。它们捕食的方法还是老样子——腕枝迎向水流,平展开来,像一张蜘蛛的捕虫网,守株待兔,专等送上门来的猎物。

由于羽星可自由行动,身体又能随环境改变颜色,它们便成了海百合家族中的旺族,现存480多种。它们喜欢以珊瑚礁为家,因为那儿四季如春,水温食美。而长有柄的海百合,生存能力差,无能力保护好自己,数量也就日渐稀少,现存的仅有70种左右。

117. 海星有什么体态特征?

海星与海参、海胆同属棘皮动物。在全世界,大约有2000种海星分布于从潮间带到海底的广阔领域,其中以从阿拉斯加到加利福尼亚的东北部太平洋水域分布的种类最多。

它们通常有5个腕,但也有4个腕或6个腕的种类,有的还多达40个腕。在这些腕的下侧并排长有4列密密的管足,这种管足既能捕获猎物,又能让自己攀附岩礁。大个的海星有好几千只管足。海星的嘴在其身体下侧的中部,可与海星爬过的物体表面直接接触。海星的体型大小不一,小的只有2.5厘米,大的可达90厘米。它们的体色也不尽相同,几乎每只都有差别,常见种类的颜色有橘黄色、红色、紫色、黄色和青色。

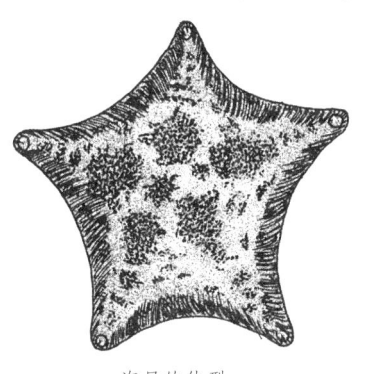

海星的体型

当潮水退去时,人们常常可以在海滩上拾到手掌大小的五角形动物,这就是海星。它体色鲜艳,身体匀称地从位于中心的体盘部向周围放射出5个腕,每个腕都是身体的一个对称轴,体内各个器官系统也都各呈相应的五辐结构。

海星背部微隆,腹部平坦并且有5条步带沟,沟内生有若干缓缓蠕动的管足,里面充满液体。这是海星特有的水管系统的主要部分,也是借用水压变化而动的运动器官。在它的5条步带沟的交汇处就是海星的口,口在身体底面,肛门反而在顶面。海星通过体表和管足进行呼吸。海星虽然是雌雄异体,可是从外表上很难分辨出性别来。

118. 海星是如何行走的?

海星或"星鱼"主要分布于世界各地的浅海底沙地或礁石上。尽管它们的体形各异,色彩有别,但是它们行走

海星在行走

海洋生物

时却有一个共性,那就是靠"翻筋斗"前进。

海盘车是黄海、渤海常见的肉食性海星,形似五角星,体略扁平,腕较长,管足上有吸盘。它们运动时先用吸盘吸住地面,把整个身子支撑起来,然后一个筋斗就翻过来。

砂海星是一种镶边的海星,腕心长,但腕足上无吸盘,运动时两腕伸直,抬高体盘,先以腕前端的管足插入沙中定位,然后一腕离地使身体重心超越支面,随之倾倒。

瘤海星体表长着疣状的棘,骨骼较硬,动作不自如,只好把腕向上顺势并拢,恰似花瓣开合,然后倾倒复位。

面包海星运动时也很有趣,它身体一侧先膨胀,自然侧位,然后轻而易举地翻过身来,便前进了一步。

119. 海星有什么特异功能?

海星是一群具有高超"分身"本领的棘皮动物。海星在行动时以腕代脚,若它的腕被石块压住或者被敌害咬住时,它会自动折断被压住或被咬牢的腕,"割"体逃生。

海星有极强的再生能力。在它"割"体逃生后,要不了多久,那支缺损的腕就会重新长出来。海星的断臂再生能力强弱因品种而异,砂海星可由1厘米长的腕重新长成一个完整的新个体,而海盘车则必须有部分体盘保留下来方能再生。

海星是一种肉食性的海洋动物,尤其喜食贝类。因此,海星是贝类养殖业的大敌。有些渔民因厌恶海星盗食贝类、吃掉鱼饵,捉住海星后常将其切碎扔入海中,哪知这样反而会促使海星更多地繁殖起来。

120. 海星是怎样捕食的?

人们一般都认为海洋中的鲨鱼生性凶残,而有谁能想到看似温文尔雅、与世无争、平时栖息于海底沙地或礁石上一动不动的海星竟也是一种贪婪的食肉动物呢!的确,海星的活动不能像鲨鱼那般灵活、迅猛,因而,它们就把主要捕食对象瞄准那些行动较迟缓的海洋动物,如贝类、海胆、螃蟹和海葵等。

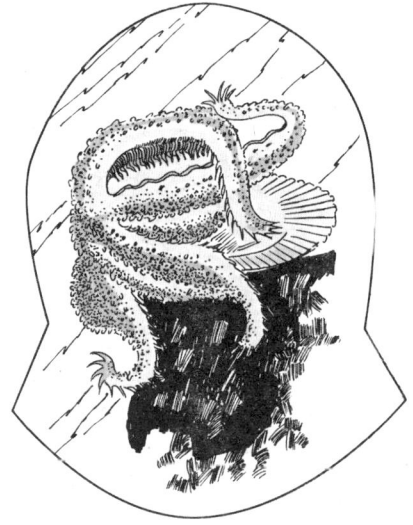

海星捕食

海星食性各不相同,如海盘车,主食贻贝、牡蛎、杂色蛤等具有经济价值的贝类。当遇见贝类时,海星先用5条腕将贝类紧紧握住,而且始终不放。直到贝类体力不支,两壳稍有放松时,海星就会乘虚而入,并分泌消化液麻醉贝类。食用时,海星先将贝类壳顶朝下,然后将贝壳剥开,直接将从口中翻出的胃伸入贝壳间的缝隙,包住贝类的软体后再从容不迫地吃掉它。

尽管海星是一种凶残的捕食者,但是它们对自己的后代却关爱备至。它们在产卵后常竖立起自己的腕,形

成一个大保护伞,让卵在内孵化,以免被其他动物捕食。

海底的小动物们为了逃避海星的追杀,也各有应敌战术。有一种大海参,碰到海星时便会猛烈地在水中翻滚,顺势逃之夭夭;扇贝躲避海星的技巧也较独特,当海星靠近时,它便煽动贝壳迅速游走;有一种小海葵,每当海星接近它时,它便会松开攀附的礁石,随波逐流,漂流到安全地带。

尽管海星是许多海底动物的天敌,海星还是海洋食物链中不可缺少的一个环节,它们的捕食起着保持生物种群平衡的作用。例如,在美国西海岸有一种长棘海星,时常捕食密密麻麻地依附于礁石上的海虹,这样便可以防止因海虹的过量繁殖而侵占其他生物的领地,以达到保持生物群落平衡的作用。

121. 你知道海星的种类及益处吗?

海洋中海星的种类可多了,有五角星似的罗氏海盘车,凸起如帽的面包海星,皮棘如瘤的瘤海星,生有镶边的砂海星,腕短而色蓝的海燕,腕细如爪的鸡爪海星和状如荷叶的荷叶海星等。

海星看起来温文尔雅,与世无争,其实,它们多数都是凶猛的肉食者。它们会大量地吞食鲜美的贝类,游动的小鱼,美丽的珊瑚和多刺的海胆。而且,海星的食量还很大,一只海盘车幼体一天吃的食物量相当于它本身体重的一半多。

海星具有极强的再生能力,如果把它撕成几块抛入海中,每一碎块都能很快重新长出失去的部分,从而长成几个完整的新海星来。那么,海星为什么会有魔术般的再生能力呢?科学家发现,当海星受伤时,它的后备细胞就会被激活,这些细胞中包含身体所失去部分的全部基因,并和其他组织合作后,重新长出失去的腕或其他部分。

海星是许多海底动物的天敌,它们的捕食也起着保护生物种群平衡的作用。例如,在美国西海岸有一种长棘海星,时常捕食密密麻麻地依附在礁石上的贻贝,防止了因贻贝的过量繁殖而侵占其他生物的领地,以达到保持生物群落平衡的作用。

海星

另外,海星腕内的卵可以加工成海星黄罐头,幽门盲囊可以加工成海星酱,它们可称得上是色、味、营养俱全。海星体内丰富的胶质,经提炼后可以作药用胶囊;它的体壁上含有的酸性黏多糖,能抑制血栓的形成,是治疗微循环障碍及冠心病、脑血管病的良好药物。海星明胶还可以制成代用血浆,大量输入人体后无毒性反应,因此被称作来自海洋的血浆。

122. 海蛇尾是哪一类动物?

海蛇尾与海星、海参、海胆一样都是棘皮动物。它们的皮肤上都有刺,通常身体平面图均呈现五部分的放射状对称状。海蛇尾的外形与海星很相似,但它的腕更加细长而且容易弯曲。海蛇尾的运动动作较为灵敏,运动本领很强,能沿着海底爬行。它爬行时有的腕前伸,有的腕拖后,能像蠕虫那样弯曲蠕动,又好似蛇一样蜿蜒前行,因此得名海蛇尾。

海蛇尾的腕细而脆,在受到攻击或感到有危险时,很容易将部分腕甚至整个腕断掉,以分散天敌的注意力,然后乘机逃走。它的再生能力很强,断去的腕可以长成新的个体,失去腕的个体也可以长出新的腕。

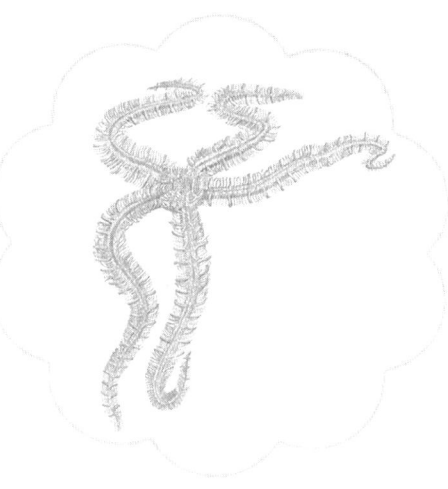

海蛇尾

筐蛇尾和海蛇尾有很近的亲缘关系,但筐蛇尾的每一只手臂上都有伸出的枝节,就像树的枝干一样。它可以将手臂伸展开来,就像一个筐子一样,将游过的浮游生物圈在筐里,当将水"筛"出剩下食物后,就收起手臂,然后找个地方休息。等找到了安全的地方,它们就开始用牙齿刮擦手臂,将捕到的食物慢慢吃掉。

123. 海胆的体形特征如何?

海胆也是一种棘皮动物,一般呈半球形、心形或扁形。它们虽然无臂,但却有5道双排管足和长棘,海胆便仗着这些管足和棘在岩石面徐徐爬起,有些种类则在沙中爬行。海胆大都栖息在海藻繁茂的沿岸浅海岩礁底或石缝中,主要以海藻为食,在我国沿海均有分布,其种类较多,其中主要经济食用品种有紫海胆、马粪海胆、石笔海胆和刺冠海胆等。

 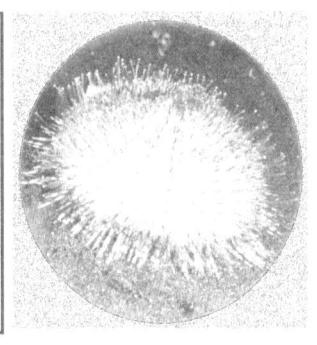

石笔海胆　　　　　　　刺冠海胆

少数几种海胆的棘上还生有毒腺。有一种棘冠海胆,它身上所生的那尖锐易折的棘令游泳者和赤身潜水者经常遭受威胁,因为它们可以轻而易举地刺破皮肤,并分泌出不甚剧烈的毒素,虽然没有多大危险,可是会令受伤者疼痛难耐。海胆有的吃植物,也有的食动物,在食物缺乏时则几乎什么都吃。在海胆身体底侧的口中长有牙齿,能伸出来刮掉岩石上的海藻和其他食物,甚至能在岩石或珊瑚上挖出藏身之所。

124. 谁可称得上海洋中的"刺客"?

人们在海滩上常会发现一个个布满长短不一的棘刺的小动物,像一个个带刺的仙人球,这就是人称"龙宫刺猬"的海胆。常见的海胆种类有马粪海胆、紫海胆、心形海胆、刻肋海胆等。

海胆是棘皮动物家族中的另一成员,体形多呈圆球状,大小差别很大,小的体长不到5毫米,巨型兜海胆的壳直径可达30厘米。海胆长着一个圆圆的石灰质硬壳,全身武装着硬刺。对居住在海底的"居民"们来说,它是难以侵犯的怪物,没有哪个莽撞的家伙敢轻易碰它。事实上,海胆的胆子特别小,甚至连光都不敢见,总是在黑乎乎的地方躲着,白天不出来,晚上才活动,只要一见到敌人,就会自动逃跑。

海中刺客——海胆

海胆是靠棘刺来防御敌害,它的棘刺有长有短,有尖有钝,种类不同,结构也不一样,有的种类棘刺长可达20厘米多。幼小的环刺海胆的刺上有白色、绿色的彩带,闪闪发光,在细刺的尖端长着一个倒钩,一旦刺进敌方的皮肤,毒汁就会注入体内,出现中毒现象。这样的"海中刺客"真是令无数刺客望而却步。

125. 哪里盛产海胆?

世界上现存海胆850多种,中国沿海约有100种。海胆体形一般呈扁圆状,好像一个带刺的紫色仙人球。有的黑如杂草丛生,令人望而生畏。它们通常栖息于裙带菜、海带等藻类生长茂盛、水深4米左右的沙砾地带，当大潮退去，赶海的人们或许有机会在海滩上即可拾到它。紫海胆食用价值较高，马粪海胆次之。它们味道鲜美，营养丰富。

我国的台湾海峡是海胆的"祖居地"之一，仅闽南的东山岛、漳蒲县、沼安县海胆年产量就达上千吨。海胆虽然相当丑陋，但它的生殖腺却在日本、中国香港及东南亚各地被列为席上佳肴。这种生殖腺俗称"海胆黄"或"海胆膏"，占海胆全身重量的8%～15%。在每年夏秋季节海胆生殖腺成熟饱满时，是采集海胆的黄金季节。海胆卵不仅味道鲜美，而且营养丰富。据分析，每100克海胆卵含蛋白质41克，脂肪32.7克，还含有各种维生素及钙、磷、铁和多种氨基酸等对人体十分有益的营养成分。这些营养成分具有提高机体免疫力、预防心血管疾病、滋阴补肾、养颜护肤的作用。

126. 海参都能吃吗？

海参，是生活在浅海海底的一类棘皮动物，其中大多数种类能食用，有些种类的海参早已成为宴席上的美味佳肴，尤其是刺参，含有丰富的营养，素有"海中人参"之称。亚洲沿海及其沿岸岛屿附近的海域，如东海、黄海、日本海、萨哈林岛(库页岛)等地是远东海参的乐园。

海参在中国沿海共计有60多种，其中仅有20多种可供食用，在我国享有盛名的是刺参与梅花参。我国西沙群岛和海南岛盛产的是梅花参、乌元参等，福建、浙江出产的是肥皂参、光参，刺参只出产在北方海域，是食用海参中较名贵的品种。海参很早就是令人垂涎的食品了,在亚洲东部声誉极高,中国古代即有人认为海参有滋补强身之功效。近代科学发现海参体内含有丰富的生物化合物,有不可忽视的医药价值。

127. 哪种海参的个头最大?

海参可是众人皆知的珍贵海洋生物,最大的海参体长可以达到1米,它就是梅花参。梅花参的背面肉刺很大,每3个~11个肉刺基部相连呈花瓣状,美其名曰"梅花参";又因为它的体形很像凤梨,所以也称"凤梨参"。梅花参腹面平坦,管足小而密布;口稍偏于腹面,周围有20个触手;背面为橙黄色或橙红色,散布有黄色和褐色斑点,腹面带赤色,触手是黄色。它们常生活在深3米~10米,有少数海草的珊瑚砂质海底,主要分布在西南太平洋,我国的西沙群岛海域就盛产这种梅花参。

珊瑚礁里的梅花参

海参虽然没有大脑,却很聪明,有魔术般的变色术,在珊瑚礁中生活的梅花参就像变色龙一样可以随机应变。生活在礁石附近的海参,体色会变成礁石的淡蓝色,而居住在海草和海带附近的海参就是绿色的。这种求生的本能,可以有效地躲避天敌的伤害。

海洋生物

璀璨的贝类明星

128. 贝类在海洋中是如何生活的?

在广阔无垠的大海中,生活着千千万万种海洋贝类。牡蛎像忠于职守的哨兵,站在岩石上任凭风吹浪打;杂色蛤、紫云蛤等有钝圆的壳缘和足,它们都挖穴居住在海底泥沙中;贻贝用坚韧的足丝附着在某一物体上生活;海螺背着它们的房子在海底缓缓地爬行;海蜗牛借助于气球状的浮囊带着它的孩子们在海中漂流;船蛆和海笋却生活在阴暗角落里,钻入木桩、木船船壳或石堤中,凿蚀着人们辛苦建造的船只和堤岸建筑物。

在海洋生物中,游泳并非鱼类的专利,乌贼、鱿鱼等因外壳退化仅留内壳,身体轻盈灵活,再加上身体两侧掌握平衡的鳍,游动起来轻松自如。乌贼悠闲地在水中游动,像国王巡视他的领土和臣民,它善于利用漏斗的喷水方向来改变运动方向,左移右动、前进后退,灵活多变。有趣的是,乌贼向后游动的速度比向前游动的速度快得多。最令人惊叹不已的是素有"海上火箭"之称的枪乌贼,平日游泳时它张开鳍部便可平衡身体前进,但如遇敌害和追逐食物时,它就会拿出绝招,双鳍紧贴躯干、腕部紧密合拢而将身体变成流线型,同时利用漏斗喷水的反作用力,如离弦之箭猛冲向前。

许多有壳贝类也具有游泳才能:剑蛏和锉蛤善于利用关闭贝壳时发射的水流而游泳,海兔则借助于发达的侧足游泳。这些小生灵以它们各自独特的方式繁衍生息,生活得悠闲自在,使得海洋生物世界生机盎然,丰富多彩。

129. 海洋软体动物有哪些共性?

海洋软体动物用贝壳来保护头部和柔软的身体,又因为它们的身体柔软不分节,多数种类都有一个发达的肉质足,使它们能四处爬行。

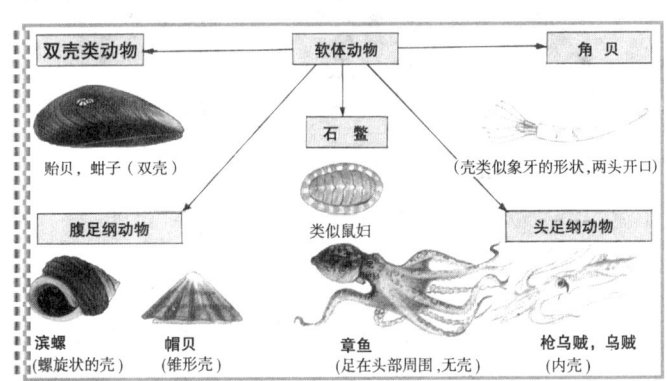

海洋软体动物

海洋软体动物的种类繁多,生活方式也千变万化。从外表上看,它们的形态差别很大:有的身体扁平,有的身体高耸,有的呈螺旋状;有的身体柔软、细长似蠕虫,有的身上长满棘像珊瑚,有的身披铠甲像圣斗士;有的个体很大,有的个体则很小;有的色彩绚丽,有的则暗淡无光。

形态各异的海洋软体动物构成了海洋生物世界中最美丽、迷人的景色。虽然它们的形态千差万别,但它们的共同之处是:身体都由头、足、内脏三部分组成,体外都包着外套膜和由外套膜分泌物构成的贝壳;它们都是用鳃吸水滤食的生物,多数在成长过程中都要经过一个短暂的、能自由活动的浮游幼虫阶段。

130. 人们是怎样给海洋软体动物分类的?

在海洋动物中,海洋软体动物可是最大的一个门类。这个大家庭的成员一般分为7个纲:无板纲、多板纲、单板纲、双壳纲、掘足纲、腹足纲和头足纲。常见的海生种有石鳖、蚶、贻贝、扇贝、牡蛎、蛤仔、竹蛏、鲍鱼、红螺、宝贝、乌贼、章鱼等。

海洋软体动物生活习性可分为4类:游泳型有运动器官,可自由游泳;浮游型游泳能力极弱,随波逐流;底栖型生活在水底表面或埋在水底下;还有寄生和共生型。它们的摄食有3种类型:舐食型,如人们熟悉的鲍鱼;滤食型,扇贝就是其中的一种;捕食型,有墨鱼等。

海洋贝类是渔业中重要的经济类群,目前捕捞的主要种类有墨鱼和鱿鱼;养殖的种类有牡蛎、蛏、蚶、扇贝、珍珠贝和鲍鱼等。但也有一些种类对人类是有害的,例如,蛀石蛤能破坏堤坝,船蛆对木质船舶和水下建筑物有极大危害,藤壶常附着聚集于舰船底部,既会影响航速,又要增加燃料的消耗。

131. 海洋单壳软体动物有什么形体特征?

顾名思义,单壳软体动物就是有一叶外壳的软体动物,属腹足类,包括海水中的宝贝、鸡心螺(芋螺)、帽贝、蛾螺、海蛞蝓等。它们的壳多数呈螺旋形,壳的形状各异,一般是从敞开的末端的边缘长起来,螺旋的数目表明年龄。单壳软体动物有触手或触角、眼睛和长有齿舌的口,齿舌是一套锉磨的器官组合,由许多角质齿组成。它们大都吃植物,不过鸡心螺、蛾螺和某些蜗牛之类也吃其他的小动物。

大多数单壳软体动物都用它们那宽而扁的足面爬行,另外有些在水里漂浮,还有些有鳍状足可以游泳。单壳软体动物有的自身兼有雄性及雌性生殖器官,它们的幼虫通常要经过浮游幼虫的阶段,然后才长出重壳沉下底。

132. 海洋双壳软体动物有什么生活特征?

人们日常喜食的美味佳肴牡蛎、蛤、扇贝等都是海洋双壳软体动物,但你知道它们家族的规模有多大吗?双壳类(瓣鳃类)动物是软体动物中的第二大家族,而其中大约有三分之二生活在海里。它们都有两瓣贝壳,在壳长大时会形成一道道的棱,棱有多少便表示那只双壳软体动物的年龄有多大。它们在憩息时,双壳可能会微微张开,不过这对壳可是由一块强有力的肌肉操纵着的,稍有动静便可猛然关闭。

它们瓣状的鳃位于斧状足和套膜之间的套腔中,水流取道两个水管流经套腔:一个水管导入水,以获取氧气和食物微粒;另一个将滤食后的水排出体外。它们中的大多数种类可以用斧足掘开水底软泥,把身子埋在里面,但也有些如贻贝和牡蛎附着在岩石等硬物上。贻贝可用结实的丝将自己固定在依托物上,牡蛎则能用一种黏合的物质附着在其他物体上。

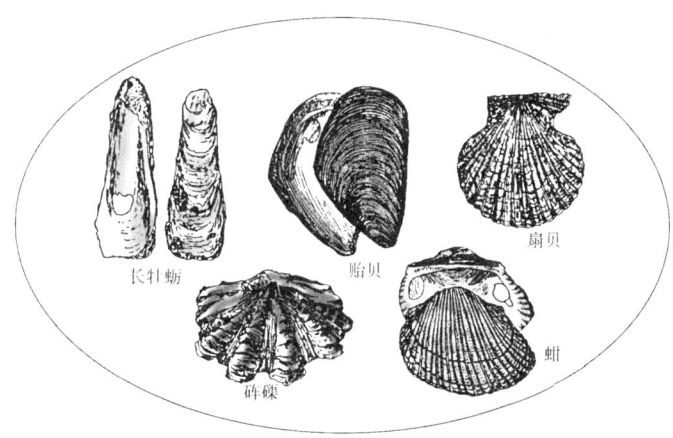

133. 鹦鹉螺、章鱼和乌贼属于哪个家族?

　　鹦鹉螺、章鱼和乌贼都是海洋中活动力很强的大动物,它们都属头足类,是贝类大家族的一个分支。它们在柔软的肉质身体上有个大大的头,头周围长着长长的触手,触手上长有吸盘。除了鹦鹉螺之外,所有头足类的动物都不像其他软体动物那样有贝壳。

　　除了视觉都非常敏锐之外,它们的肤色都能够配合着情绪而急速改变。原来它们有特殊的肌肉细胞,可使大的皮肤色素细胞内红、橙、黄、蓝、紫或黑色的色素微粒迅速扩展,变得更为明显。这样,颜色就像波浪一般推及全身皮肤。它们中有些具有十分发达的发光器官,一旦受刺激便会靠一种复杂的化学反应发出亮光。它们不仅有角质的颚,还有用于呼吸和喷射推进的水管。

章鱼

章鱼善于栖息在各种洞穴里,甚至海底的空罐头盒里,专门捕食海洋中的小鱼和甲壳动物。章鱼通常用8个触手上的吸盘撑着身体行进,移动缓慢。如果感到有威胁时,章鱼会从一个特殊的囊中放出一大片墨水作为烟幕,自己则能及时借助水管喷射出水流的力量迅速逃跑。

134. 鱿鱼和乌贼是近亲吗?

海洋中最大的无脊椎动物要数大乌贼了。自古以来,许多传说中关于海怪的故事大都是由它引发而起的。但是,在海洋这个弱肉强食的世界里,大王乌贼又是抹香鲸捕食的对象。在新西兰,曾有一个触手长达20米的大乌贼被海浪冲上了海岸。

乌贼和鱿鱼极为相似,在结构上,鱿鱼和乌贼都有10

个触手,并带有吸盘。8个是短的,另2个细长,用以捕捉猎物。但乌贼身上长着一个名叫海螺蛸的内骨骼,鱿鱼就自愧不如了。

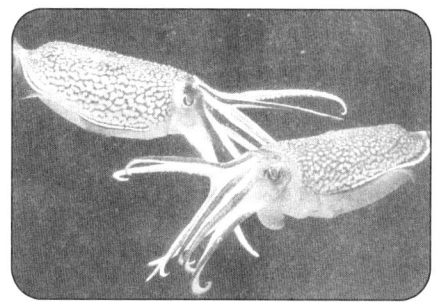
鱿鱼

鱿鱼善于游泳,游泳时是从水管中喷出水流把流线型的身体向前或向后推行,它身上的小侧鳍在慢速度于水中穿行时可以使身体保持稳定的作用。乌贼通过内骨骼来调整体内的气体量和水量,使自己能在海水中上下行动自如。

135. 鹦鹉螺有什么特殊之处?

鹦鹉螺属于头足纲中的四鳃类,是现存仅有的真正栖于壳内的头足类动物,被誉为"活化石",如今仅剩下3种,属于国家级保护动物,很久以来便是动物进化系统研究中很有价值的材料之一。

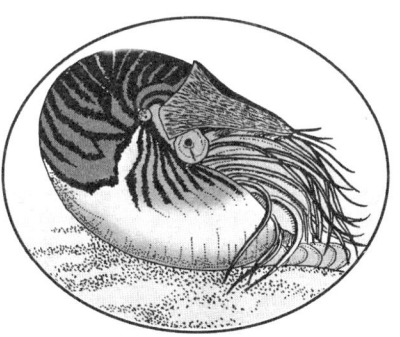
鹦鹉螺

由于鹦鹉螺是一种底栖性的动物,平时在海底爬行,偶然也漂浮在海中游泳。它们白昼栖于海洋深处,只有夜间才上升到离海面不到40米处,难怪很少有人见到活的这类螺了。它们有蜗牛壳般的螺旋壳,壳内分许多室,而它一生只栖于最大、最迟形成的室内,其余的室内都充满了气体,使壳成为它的漂浮器以保持浮起。它的游泳方式与乌贼相仿,也是利用它的两片互相包被的漏斗喷水进行的。鹦鹉螺的触手数目很多,一共有90个,各善其用。其中有两个合在一起变得很肥厚,当肉体缩到贝壳里的时候,用它盖住壳口,这与腹足类的厣的作用相当。

还有一种舡鱼,虽然也常被叫作"纸鹦鹉螺",但其实它根本不是鹦鹉螺,而是较为特殊的章鱼。引起混淆的原因是雌舡鱼栖于它为护卵而造的壳里,壳薄如纸。雄舡鱼比雌舡鱼小得多,而且没有外壳。舡鱼以浮游生物为食,一般会出现在温暖海洋表面附近。

136. "贝"字是怎么来的?

我们已经听惯了"宝贝"的爱称,很早就学会了"贝"字的写法,可是有谁知道"贝"字是怎样演变而来的?

"贝"字的形成与名为货贝的海洋动物直接相关。货贝是一种小型的海洋贝类动物,它只有古钱币样大小,古人曾经用它的贝壳作为货币。货贝主要分布于印度洋和西太平洋沿岸,生活在潮间带中潮区至潮下带的岩石和珊瑚礁间,在我国主要见于台湾、海南岛南端和西沙群岛等地的沿海一带。

货贝的贝壳为鲜黄色,壳面上覆盖着一层光洁亮丽的珐琅质。整个贝壳略呈椭圆形,背部隆起,还具有2条~3条灰绿色的横带呢,再加上货贝活动时头部的两只触角,就形成了"贝"字的象形文字流传于世间。后来,人们又从象形字把它演变成繁体的"貝"字,再后来就简化成现在的"贝"字了。

137. 海洋贝类有多少种?

贝类是动物界中除了节肢动物外的第二大类动物,目前已发现有11.5万多种,其中现生种类有8万余种,化石种类大约有3.5万种。根据形态结构的不同,这些贝类被划分为7个纲,即无板纲、多板纲、单板纲、瓣鳃纲、掘足纲、腹足纲和头足纲。在这种类繁多的贝类中,除瓣鳃纲和腹足纲中有少部分生活在淡水外,其余绝大多数都以海洋为家,生活在神秘多彩的海洋世界里。

138. 海洋贝类的壳由多少块组成?

海洋贝类的壳因种类不同而数目不同,最少的没有贝壳,它们就是无板纲动物,约有100种。这类动物身体呈蠕虫状,头部不明显,无触角和头眼,尽管它们的体外没有贝壳,但外套膜很发达,能完全包被身体;它们的足退化或消失,借身体蠕动来运动。

掘足类动物只有一块贝壳,大约有200种,它们的身体两侧对称,头部不很明显,体外披着微微弯曲的管状贝壳。这类动物循环系统极端退化,无心耳、无

鹦鹉螺贝壳

围心腔,也无血管,仅有心室和血窦。只有一块贝壳的海贝还有单板类。单板类种类最少,目前仅发现有8种,这类动物的主要特征是体外具有1个帽状的贝壳,肌肉是分节的,外套沟中有5对鳃,神经系统比较简单。

身披两片"外衣"的海贝品种最多,它们是瓣鳃纲贝类,已发现1.5万余种,其中现生种约1万种。这类动物身体由内脏块、足和外套膜3部分组成。它们的头部已经退化,足呈斧刃状,身体左右侧扁,两片外套膜披挂在左右两侧;外被两片贝壳。

壳最多的海洋贝类当然要数多板纲了,它们的贝壳由8块壳板组成,尽管贝壳数目较多,但仍不能完全遮盖背部。它们的身体呈椭圆形,背腹扁平,头部没有触角和头眼,足部很发达,几乎占据了整个腹面。这类动物大概有600多种。

139. 哪种海洋贝类家族最庞大?

在海洋贝类中,要数腹足纲家族最为兴旺了,这种贝类有8万多种。它们的身体明显分为头、足、内脏块3部分,头部发达,有触角和头眼;足部也较发达,足底宽广形成蹠面;通常具1个螺旋形的贝壳,内脏块也常因螺旋而表现为左右不对称。

其次是头足类,大约有2万种,但绝大多数已灭绝,成为化石种类,现生种类仅500余种。头足类的身体分为头部、胴部和足部。头部和足部都很发达,头的两侧各有1个发达的眼睛;足特化为环列在口周围的腕和运动器官漏斗;原始种类有1个螺旋形的外壳,进化种类则形成内壳或者退化,如墨鱼。

140. 海洋贝类"外衣"的形态有多少种?

海洋贝类种类繁多,贝壳的形态也随种类千变万化。你看那蜘蛛螺形似蜘蛛,水字螺酷像"水"字,唐冠螺像《西游记》中唐僧头上戴的帽子,有些贝壳上有精致的花纹和鲜艳的色彩,在阳光的照射下放出华光异彩,构成了海洋中奇珍异宝的一部分。但相对于同一种贝类来说,这些贝壳的形状都有大体上一致的规则。

海洋贝类的"外衣"

掘足纲有一个微弯曲的管状贝壳,贝壳两端开口,整个贝壳形似牛角或象牙,所以这类动物又称角贝或象牙贝。腹足纲的贝壳一般呈螺旋形,有的高耸,有的低矮;

贝壳对外的开口称为壳口,有的圆形,有的狭长。贝壳上面有粗密不等的螺纹和生长纹,有的还有颗粒状或棘状的突起,也有的壳面有厚厚的一层珐琅质,光亮滑润。

瓣鳃纲有两个扇形的贝壳,壳面上有以壳顶为中心,呈现同心状排列的生长纹,也有从壳顶向壳的边缘发出的放射状的肋纹。多板纲的贝壳多达8块,呈覆瓦状排列于它的背部,最前端的那块壳板称头板,呈半月形,后端的壳板叫尾板,呈元宝状。

头足类中,原始种类(如鹦鹉螺)有螺旋形、分室的外壳,贝壳在一个平面上螺旋,壳内由隔膜分为许多室,最后一个生成的室才是动物体居住的场所,称为住室,其他室都是密闭、中空的,有一根细长的串管串通各个室。贝壳的表面常有火焰状的花纹,色彩鲜艳。它的进化种类大多数则将外壳包入外套膜内形成内壳,或者已退化消失。

141. 贝壳的主要成分是什么?

由于贝类种类繁多,其贝壳的形状、色彩和花纹也千姿百态。许多漂亮的贝壳色彩光艳夺目,奇特的外形上带有华丽的花纹,如宝贝、珍珠贝、日月贝、竖琴螺、鹦鹉螺、海菊蛤等的外壳,都称得上是形美色艳、令人赏心悦目;有的贝壳状如斗笠或帽子,如帽贝;有的呈陀螺状、圆锥状、宝塔状、圆盘状、球状;也有的像牛角,如角贝等。贝壳的大小也相差悬殊,如虹蛹螺小到身体仅有0.03毫米长,而砗磲壳长可达2米,大到可用作婴儿的浴盆。

各种贝壳看上去差异很大,其实贝壳的主要成分都是碳酸钙,约占贝壳总量的95%,还有少量贝壳素等有机物，在无机成分中还有微量的镁、铁、磷酸钙、硫酸钙和硅酸盐等无机物。

　　典型的贝壳有3层结构：外层为角质层，内含角质物质，称贝壳素，是一种硬蛋白，类似人的指甲、头发中所含的角质，能耐受酸的腐蚀；中层较厚称棱柱层或壳层，占贝壳的大部分，由柱状方解石构成；内层为珍珠层，通常由叶状的霰石构成，极富光泽。方解石和霰石的主要成分都是碳酸钙，只是方解石结构疏松，而霰石结构紧密些罢了。有些贝壳不一定3层结构齐备，如江珧贝壳没有角质层，乌贼和枪乌贼只有内壳，结构相当于棱柱层或角质层，没有珍珠层。

142. 贝壳是怎样形成的？

　　贝壳是由贝类外套膜分泌形成的。贝类的外套膜是由背部皮肤褶襞延伸而成，由内、外表皮及其中间的结缔组织和少量肌纤维组成，边缘一般有3层褶皱，由外向内依次称为生壳突起、感觉突起和缘膜突起。外套膜的分泌机能是有区域性的，外套膜缘的生壳突起分泌贝壳的角质层；外套膜缘背面皮肤分泌棱柱层，珍珠层是由外套膜的全外表皮分泌的。但外套膜分泌的区域性在条件变化时是可以改变的。有人对马氏珠母贝外套膜的以上各部位分别切除或穿孔，发现在其再生过程中，都具有分泌角质、石灰质和珍珠质的能力。

　　角质层和棱柱层随贝类的生长而逐渐增大面积，但这种增长不是连续的，常因受季节、气候、食物和繁殖等因素的制约而中断，因而在贝壳表面形成了生长线。生长线的形成就是就是角质层增长不连续的一种表现,也是外套膜边缘不连续分泌的结果。

143. 为什么说贝壳是贝类的护身盾牌?

大多数贝类具有贝壳,贝壳是海洋贝类的保护器官。当贝类活动时,头和足都伸出壳外,一旦遇到危险它就会迅速缩回壳内,借助坚实的贝壳来抵挡敌人的进攻。有些贝类的壳很结实,如虫戚的贝壳,2毫米厚度就能抵抗300千克的压力;而贻贝的贝壳,1.25毫米厚度能抗100千克的压力;牡蛎的贝壳也同样坚固。固着生活的双壳贝类不仅贝壳坚实,而且能够紧闭贝壳,力量还相当大。牡蛎和贻贝的贝壳关闭时的力量能抵抗上千克,甚至十几千克的拉力,在一定程度上造成敌害进攻的困难。

海贝除了用贝壳作为护身盾牌,使敌人来袭时无从下口外,还有许多其他功能。例如,牡蛎、海菊蛤、猿头蛤等,利用贝壳固着在岩石上,给自己营造一个安定的家,任凭风吹浪打也不惧怕;扇贝虽然足部严重退化,完全失去了运动的功能,但它能借贝壳快速开闭的排水力量作短距离快速移动,成为双壳贝类中少见的运动健将。贝壳还具有极高的观赏价值和药用价值,也是很多工业的原料。

144. 海洋贝类的生活类群如何划分?

由于海洋环境如水温、盐度、水质、潮汐、海流、底质和饵料等因素千变万化,为了生存下去,生活在海洋中的贝类就必须适应这些变化,因而形成了不同生活型的类群,按照生活习性划分,主要有游泳型、浮游型、匍匐型、埋栖型、固着型、附着型、凿穴型和寄生型。

游泳型贝类身体一般呈流线型或纺锤型,在海中游动时阻力很小,如乌贼和鱿鱼,以漏斗喷水为推动力,运动速度很快,甚至能够追逐轮船;而浮游型贝类不能抵抗海流和波浪的冲击,只能随波逐流,四处漂游;匍匐型贝类一般足部发达,利用发达的足可以在岩石表面或泥、沙滩及海藻上匍匐生活;固着型贝类常见的有蛇螺、牡蛎、海菊蛤等,它们用贝壳固着在岩石或其他物体上生活,一旦固着下来,就终生不再移动位置;附着型的贝类如扇贝、贻贝、珍珠贝等,它们有发达的足丝,可以附着在其他物体上生活,当环境不适应时,可切断足丝,稍作移动重新附着;埋栖型贝类也多见于双壳类,它们利用斧刃状的足挖掘泥沙以便埋藏栖身;凿穴生活型贝类专凿岩石、珊瑚礁、木材和其他动物贝壳而穴居,如船蛆专在木材上凿穴,而海笋、铃蛤等则在珊瑚礁上凿穴而居;寄生型贝类如内壳螺、内寄螺和瓣鳃类的内寄蛤等,则常在棘皮动物内过寄生生活。

145. 海洋贝类是怎样运动的?

生活在海洋中的贝类由于生活方式不同,运动方式差异也很大。足是贝类的主要运动器官。乌贼等头足纲的足特化成腕和漏斗,能依靠漏斗喷水的力量快速倒退游泳。贝类的浮游幼虫可依靠面盘上纤毛的摆动而在水中浮游;海蜗牛的贝壳薄而轻,依靠浮囊使身体漂浮于海面上,自在地过着浮游生活。

在海底匍匐生活的贝类,一般足部都较发达,它们依靠足部肌肉的伸缩爬行自如。在泥沙滩上匍匐生活的玉螺、榧螺、竖琴螺等前足特别发达,作用如犁,在爬行前进时可将前进方向上的泥沙推到身体两侧,扫清前进的道路。多板纲习惯于夜晚活动,依靠足部和环带肌肉的伸缩前进。胡桃蛤每分钟可以爬行几厘米,而鲍爬行速度最高纪录是每分钟50厘米。

风螺、蛙螺、三角蛤等贝类能跳动前进,一次可跳过10厘米高度,有些螺可连续跳跃,颇富情趣。固着型的贝类足部退化,终生不再移动位置,它们的运动方式仅限于贝壳的开闭。附着生活的贝类尽管足部也退化,但能利用两壳开闭排水的反作用力及海流的力量而迅速游动。海洋贝类有的善爬、有的能游、有的会漂,生活得潇洒自如,运动方式可真称得上是"八仙过海,各显其能"。

146. 谁是海洋中的小小"舞蹈家"?

扇贝是双壳贝类中的佼佼者,因为它的外壳像一把折扇,故得名"扇贝"。在游动时,它舞动起双壳,姿态轻盈,优美动人。当它高兴时,一口气可游动1000米之多。扇贝生活在海水中,能通过伸展肌肉,张开贝壳吸入水流,再迅速关闭而

扇贝

产生反冲力在水中快速运动。扇贝似乎不甘心居住在海底,它们会在水中跳跃,用双壳有力地一开一合,迅速在水中后退而行。幼小的扇贝还时常飞出水面蹦来跳去,直到环境适应时才静卧水底,像一个个小小的舞蹈家。

147. 我国养殖扇贝种类有多少?

扇贝,又名海扇、干贝蛤、海簸箕,著名的海珍品"干贝"就是由扇贝的闭壳肌加工制成的。世界上扇贝约有300种,我国有近30种。扇贝的人工养殖初始于1968年,特别是1973年以来,人工育苗、半人工采苗以及养成等关键技术突破之后,扇贝养殖业得到迅猛发展,已成为我国海水养殖的重要产业。目前在我国大面积养殖的扇贝有4种:栉孔扇贝、华贵栉孔扇贝、虾夷扇贝和海湾扇贝。

栉孔扇贝在我国自然分布于辽宁和山东沿海低潮线以下,水深10米～30米的岩礁或有贝壳沙砾的硬质海底,一般养殖两年可长至5厘米～6厘米。华贵栉孔扇贝自然分布于我国广东、海南沿海,自低潮线至浅海区都有分布,但多见于水深2米～4米的砂质浅海底,生长速度较快,1年可生长至壳高7.4厘米,重68.4克。

海湾扇贝和虾夷扇贝是分别从美国和日本引进的。海湾扇贝为暖水种,我国南北方均可养殖;虾夷扇贝为低温种,自然分布于日本、朝鲜沿海,仅在我国北方养殖。海湾扇贝生长速度较快,从壳高5毫米的苗种养至5厘米的商品贝需6个～7个月。在高温期,其壳高月增长约1厘米,从受精卵开始生长至壳高11厘米～12厘米的成体,一般需要两年。

148. 海洋贝类钻穴的本领有多大？

海洋中的许多双壳纲贝类喜欢穴居生活，它们天生有一只发达的斧状足，钻穴时足的前端可迅速充血变硬，在沙面上蜿蜒伸展，依靠足部的伸缩作用插入沙中，逐渐钻入深处。它们的钻穴深度因种类和个体大小而异，斑玉螺、棒槌螺、竖琴螺可钻5厘米～10厘米，有的品种则可钻50厘米之多。有一种钻沙技巧隐蔽的短蛸动作则十分灵巧，仅用5秒钟就可隐身沙内。

海洋中的这些贝类不但善于在泥沙滩中钻穴，有的还有穿石凿木的本领。船蛆、海笋、铃蛤、开腹蛤等都是凿穴的专家。船蛆专门在木船上凿穴，而海笋、铃蛤、开腹蛤等则喜欢在珊瑚礁和岩石上凿穴而居。凿穴方法也因品种不同而异，有的利用贝壳钻磨的物理机械方法，有的利用足部分泌酸性溶液侵蚀岩石的化学方法，有的则两种方法并用，动作隐蔽。船蛆凿木是利用壳肌伸缩的作用，使贝壳在不断旋转摩擦中，由壳面细齿将木材锉下。海笋凿石的技巧是用足作支点将贝壳旋转，用壳的齿纹摩擦石面，也有人认为是以贝壳为支点，用足的分泌液侵蚀岩石，渐渐凿出洞来。有趣的是，当凿穴工作完成后，它们的足就失去了作用，最后竟萎缩退化了。

149. 海洋贝类是怎样乘潮随浪的？

许多海洋贝类能感知潮水的周期性变化，并能利用潮涨潮落和波浪运动来完成周期性迁移。例如，海兔产卵前常随海水运动从深水处群移到浅水区，产卵后又重返深水生活区。荔枝螺则在大雨过后，海水被冲淡时才移居到较深的海水区生活。斧蛤是勇敢的冲浪者,涨潮时,它赶在大浪冲击海岸之前从沙中钻出,追随拍岸的潮水和浪头被抛向岸边,随时钻入沙中埋藏起来;退潮时则相反,待浪潮从岸边向下滚动时,它便钻出沙面乘浪下海。缢蛏、泥蚶等贝类的幼贝则借助张壳浮动或伸足漂游,也各怀绝技。

150. 海洋贝类怎样与敌人搏斗?

海洋贝类的活动能力一般不强,大多数种类缺乏主动攻击的武器和力量,主要采取消极的隐蔽方法逃避敌人的侵袭。但有的种类也具有特殊的防御能力,当它们遇到敌人来袭时,能与之奋力搏斗。乌贼和鲸鱼之

墨鱼

间就常常发生惊心动魄的搏斗。乌贼具有长而有力的腕,腕上长有许多吸附力很强的吸盘。鲸鱼是哺乳动物,用肺呼吸,它需要经常将鼻孔露出水面呼吸新鲜空气。一旦乌贼与鲸鱼发生搏斗时,乌贼总是试图用它强壮而

有力的腕堵住鲸的鼻孔,使鲸鱼窒息而死;如果乌贼不能将鲸的鼻孔堵住,那它就会成为鲸的美餐了。

芋螺、蜘蛛螺与凤螺虽然不像乌贼那样动作灵活,也不具有主动攻击能力,但是遇到来犯之敌时也能奋起反击。若人们去捕捉它们,蜘蛛螺和凤螺能用尖锐的壳口来切割人的手,而芋螺则会用带有毒液的尖锐齿舌来对付敌人,人若被刺伤,轻者伤处红肿,疼痛难忍,严重者还会昏迷不醒甚至死亡。

151. 海洋贝类也有伪装的本领吗?

在弱肉强食的海洋生物世界里,很多弱小的生物需要靠拟态伪装来躲避强大的捕食者,借以生存下去。在海洋贝类中利用拟态伪装来逃避敌害者十分常见。

如衣笠螺的贝壳是黄色的,形似斗笠,生活在泥砂质的海底,很容易被敌害生物猎食。为了生存,它们就在贝壳上黏附许多砂粒或小的空贝壳,伪装成一堆沙砾或碎贝壳,使敌害生物不容易发现它们;浅缝骨螺生活在数十米深的泥沙质海底,它们的壳外有许多细而长的棘刺,状似珊瑚;泥螺生活在潮间带的泥沙滩上,壳呈白色,薄而脆,为保护自己,它就用头盘和足掘起泥沙并混合身体分泌的黏液覆盖于体外,伪装成一堆凸起的泥沙;某些石磺和花棘石鳖色泽与周围的岩石十分相似;生活在海藻丛中的海兔可以变化体色,使自身看起来与周围的海藻颜色协调一致,以隐蔽身体,躲避敌害的捕食;还有的海兔在体表长满绒毛或呈树枝状突起,模拟海藻的形态,隐身在海藻中,真假难辨。有的章鱼遇到敌害时,也会变换体外皮肤突起的颜色,伪装成周围岩石或植物的模样,以蒙混过关。

152. 海兔会施放烟幕弹吗?

在海洋生物世界里,遇到敌人的追捕,在生死存亡的紧要关头,用释放烟幕弹模糊敌人视线而逃生的方法大概是贝类的专利了。但是,并非所有的贝类都有这种本领,只有头足类和海兔才具有这种能力。

采用喷墨式吞云吐雾法释放烟幕弹,这是头足类除鹦鹉螺和须蛸等少数种类外大多数成员的绝招。在它们的体内有一个墨囊,墨囊中有墨腺,能够分泌产生墨汁,当遇到敌害时可迅速放出墨汁,使周围海水变得漆黑一片,自己则趁敌人晕头转向、不辨方向的时候逃之夭夭。而墨汁本身对敌害的神经也有麻痹作用。例如,乌贼遇敌时,它的身体立刻处于紧张状态,使周身色素细胞由浅变深,背斑纹出现光泽,变得十分鲜明,向敌人示威;然后紧急压缩胴体,连续喷放墨团以做烟幕迷惑敌人,趁机溜之大吉。海兔遇到敌害追捕时,能放出紫色液使周围海水变成紫颜色,迷惑敌人以保存自己;另外,海兔还能分泌挥发性的油类物质,用以毒害敌人的神经和肌肉系统。

153. 海洋贝类怎样求生?

许多贝类在强敌来临时自知难以逃脱,便将自身的一部分切下,抛给敌人作为诱饵,再趁敌人吞食之时溜之大吉,这就是海贝惯用的求生术。不同种类的海贝自切的部位不同,如竹蛏和海笋是埋栖型双壳贝类,生活时需将水管伸出洞穴外的水中进行呼吸和摄食,它那裸露而柔软的水管很容易成为敌害生物捕食的目标。一旦被敌人抓住,竹蛏和海笋为了活命,只能忍痛自切水管末端以保全性命。蓑海牛遇敌时,能自切背部的突起部位;角贝可以自切头部触角叶上的头丝;竖琴螺、蜗牛可以自切其足的后部。锉蛤和扇贝中的某些种类则能自切其外套膜的触手和鳃。神奇之处在于,这些自切掉的部分组织器官经过一段时间后,能够再生出新的器官来。

154. 贝类有哪些防身妙术?

实际上,海洋贝类动物中只有乌贼、章鱼等少数种类运动速度较快,大多数贝类像蜗牛一样活动能力较弱,无法快速逃避敌害的追捕。那么,它们又是如何保护自己、防御敌害的?

除了少部分贝类能采取主动与敌人周旋外,闭壳是大部分贝类动物的防身术。很多贝类在遇到敌害时便把软体部位缩入壳内,有厣的种类会将壳口封住,使动物的身体与外界环境隔绝。有些种类的壳很结实,能承受很大的压力和拉力,这样在一定程度上造成敌人进攻的困难。对于寄生虫和外来异物的侵袭,瓣鳃类和腹足类具有非凡的应付方式:以外来物为中心分泌珍珠质,将它包裹起来,使它难以为害。珍珠就是这种生存搏斗的副产品。

有毒的贝类能分泌毒液抗敌。例如,海兔能分泌挥发性油脂,毒害敌人的神经和肌肉组织,使其丧失进攻能力;蓑海牛背突起的顶端具有刺丝胞,亦有毒性,敌害碰上,轻者被刺痛而逃,重者会因之丧命。双壳类不能分泌毒液攻击敌人,但美国的海菊蛤却能分泌一种臭味,使敌方感到厌恶,避之唯恐不及,被迫放弃攻击。

潜穴而居是贝类避开外界不良环境和敌害的又一套本领。例如,潜居泥沙中的海贝,当遇到侵犯时能把露出的水管缩回壳内,躲到洞穴深处。缢蛏穴居的深度还随季节变化而有所不同,夏季温暖潜伏较浅,冬季寒冷则潜居较深。这些随机应变的过硬本领是海洋贝类适应海洋生态环境,虽然处于弱势地位却能种族兴旺、超然闲居的奥妙所在。

155. 海洋贝类以什么为食?

贝类的食物种类很多,也很复杂。绝大多数的海贝口腔中缺乏颚片和齿舌,但有滤食器官,以浮游生物为食物,主要食物种类有硅藻、鞭毛藻、藻类孢子、原生动物、桡足类、甲壳类和贝类等的幼虫、动物卵子及有机物碎屑等,其中硅藻是它们的主要食物。

植食性的贝类口腔中有发达的颚片和齿舌,视觉不太发达,靠嗅觉觅食,喜欢食用石莼、墨角菜、海带、裙带菜、石花菜等大型海藻。肉食性的贝类如红螺、骨螺等主要以摄食双壳类及其他动物的尸体为主。也有特殊者,如法螺、蓑海牛能摄食水螅和海参等。

乌贼、章鱼等贝类的运动和感觉器官都比较发达,能主动觅食和追逐食物。它们主要以甲壳类为食,擅游者以鱼、虾、水母等为主要食物,底栖者主要摄食贝类、小虾和蟹类。有些贝类还常吃一些杂乱的东西,如海笋,能吞食坚硬的石灰粒。

156. 海洋贝类怎样摄食?

不同种类的海贝摄食方式有显著区别,这与它们摄食器官的构造有关。它们的摄食方式大致可以分为4种类型:舐食、滤食、捕食和吸吮。

乌鱼捕食

石鳖和鲍都是舐食种类,多为植食性动物,它们通常匍匐前进,具发达的吻、齿舌、颚片和唾液腺,整个齿舌呈带形,似锉刀状,摄食时利用发达的吻部伸缩活动,齿舌从口腔伸出,利用齿舌带上的肌肉伸缩,使齿舌做前后方向的移动锉碎食物,每次只能刮取食物薄薄的一层。幼鲍在舐食基面上的硅藻时动作很频繁,每分钟可达60次。

滤食是双壳纲贝类的主要摄食方式,食物颗粒要经过外套膜、食物运送沟和唇瓣3次选择,较大、较重的颗粒会被淘汰,只有较小、较轻的颗粒才能到达口中。

头足纲海贝有专门的捕食器官——触腕,它们以捕食为生。底栖的章鱼以贝类和甲壳类为食,用腕的尖端试探海底洞穴,若遇到双壳纲贝类便用腕捉住,拉开双壳后把肉吃掉;若遇到小蟹类,则会用腕间的膜将其抱住,用唾液腺分泌毒液来麻醉或杀死对手后再美餐一顿。游泳生活的乌贼是以鱼类、甲壳类为食物,用一对攫腕捕捉食物,对于个体较小的食物可以整吞,而对个体较大的,就先剥离肢体,将肉撕裂而食。

玉螺的摄食则兼有捕食和舐食的特点,先用足和外套膜将可食的贝类包围起来,然后用穿孔腺分泌液体溶解贝壳,再将吻伸入贝壳中食其肉。还有过着寄生生活的短口螺等,它们是靠吸食寄主贻贝、牡蛎血液中的营养物质为生。

157. 贝类有哪些海味珍品?

海洋贝类中几乎所有的种类都可食用,有许多种类早已成为人类的美味佳肴。比较常见的种类有鲍、红螺、玉螺、泥螺、蚶、牡蛎、贻贝、扇贝、江瑶、蛏、杂色蛤子、文蛤、乌贼、章鱼、鱿鱼等。在我国传统的海产八珍之中,鲍鱼和干贝可是名列前茅。

海洋贝类不仅味道鲜美,而且营养价值极高,含有丰富的蛋白质、无机盐类、微量元素和各种维生素。比如,牡蛎的营养价值可与牛奶相媲美,被誉为"海中牛奶";贻贝的营养价值和鸡蛋类似,有"海中鸡蛋"之美称;文蛤味道鲜美,俗有"天下第一鲜"美誉。有些贝类如蛏子、牡蛎、章鱼等还是老幼妇孺的滋补佳品,过去往往作为宫廷的御膳和药膳,对某些疾病还具有特殊的功效。

贻贝、牡蛎和蛏子软体部的干制品分别称为"淡菜"、"蚝豉"和"蛏干"。加工贻贝、牡蛎和蛏子的汤可浓缩成美味可口的贻贝油、蚝油和蛏油。海兔的卵群俗称"海粉",乌贼的缠卵腺俗称"乌鱼蛋",也都是很有名的海产品。由于贝类食用价值很高,现在世界各地都开展了对贝类的大量养殖。

158. 你知道海螺壳有多么漂亮吗?

在海洋贝类中,美丽的海螺外形多变,花纹各异,光彩夺目,争奇斗艳。宝贝壳呈卵圆形,如瓷般光滑,有的绚丽多彩,有的玲珑剔透,有的布满虎皮斑点,有的生着黄褐雀斑;水字螺壳内呈橘红色,壳口狭长,从壳口向外伸出6支强大的棘状突起,使整个贝壳看起来像个"水"字;蜘蛛螺则多棘多肋,形似蜘蛛;鲍鱼壳呈耳形,壳内面闪耀着彩虹般的光泽;芋螺形似芋头,壳面排列着整齐的方形褐斑的是信号芋螺,布满褐

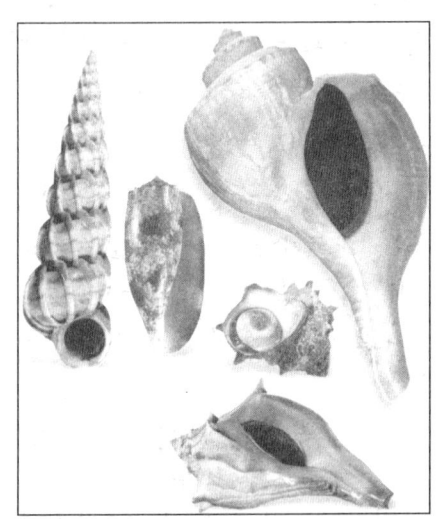

海螺

色线纹的是织锦芋螺,有两条红褐色环带的是将军芋螺。

瓜螺呈橘黄色,形似熟透的甜瓜;竖琴螺壳面上发达而稀疏的纵肋像一根根拉紧了的琴弦;唐冠螺则像西游记中唐僧的帽子;钻螺的贝壳亮白而光滑,像个钻头,又像一支笔帽;荔枝螺壳外布满了疣状突起;枣螺淡黄色,像一颗刚褪去青色的大枣;能吹奏出呜呜响声的是法螺。

还有的海螺呈塔形、帽形、陀螺形、圆锥形、纺锤形……五颜六色,多姿多彩,为海底世界增添了无限风光。假如将收集到的五光十色的贝壳陈列起来,开一个小型博览会,你一定会为大自然的神奇倍感惊喜!

159. 贝壳的身价有多高?

人类对贝壳的利用始于原始的"新石器"时代,到了中世纪时就已经有许多达官贵人酷爱美丽的贝壳,不惜花重金收购,同时使用各种贝类材料制作的艺术品的数量也急剧增加。

有些贝类特别是宝贝的贝壳,由于它们具有如瓷般光滑、绚丽多彩的外表,自古以来就专门有人珍藏。因此,有些稀有的种类价格还特别昂贵。例如,产于菲律宾的白齿宝贝,至20世纪70年代仅发现有20个,因而每个完好的宝贝贝壳在1979年标价就高达6000美元~7000美元,就是有点缺损的,标价也达3000美元~5000美元。产在菲律宾、斐济等地深海的王子宝贝到20世纪70年代世界上只有5枚~6枚,这种贝壳美丽非凡,花纹图案奇特,非常稀有珍奇,每个售价也在1000美元~1750美元之间。在我国南海发现的金星眼球贝每个贝壳价值

750美元～1200美元；寺町希达贝在我国台湾附近有分布，每个贝壳价值也在1000美元～1500美元之间，而且至今才发现了5枚。

160. 珍珠是怎样形成的？

珍珠贝和其他多种海洋软体动物的内表面都有一层美丽、坚硬而光滑的物质，叫作珍珠质，它是由自身套膜的分泌物形成的。

如果有微小的物体，如沙粒或寄生虫等侵入到贝的套膜和某片壳之间，套膜一经受到刺激，就会用套膜的分泌物来包围它，久而久之，包围沙粒的分泌物结成珍珠质，最终产生出大家熟悉的珍珠。

简言之，天然珍珠是由于贝类外套膜细胞因某种原因受到刺激，围绕着一个异物形成珍珠囊并分泌珍珠质而形成的。原来，被人们珍视且贵如宝石的美丽珍珠，只不过是贝类为对付讨厌的沙子所采取对策的一种结果。人工珍珠是人们通过育养大批的珍珠贝，把具有刺激的颗粒塞进它的壳内，从而获得的养殖珍珠。

161. 世界上最大的天然珍珠在哪里？

谈起天然珍珠，当然是指那些在贝类体内自然形成的珍珠了。比如鲍鱼、蚌、江珧、砗磲、珍珠贝等都能产生天然珍珠。可你知道世界上最大的天然珍珠有多大吗？它的半径约14厘米，重达6350克，是1934年5月7日在菲律宾巴拉旺湾的一只大海蚌中发现的。据说这颗珍珠价值达408万美元，一直被保存在美国旧金山银行的保险库里。

162. 珍珠妙用知多少？

珍珠玲珑雅致，晶莹圆润，光彩夺目。利用珍珠可制成项链、耳坠、手链、戒指、胸针等多种多样华贵典雅的装饰品。除此之外，珍珠性寒无毒，含有多种氨基酸和微量元素，具有较高的药用价值，有镇心润颜、止渴坠痰、安神定惊、清热解毒、去翳明目、消炎生肌等功效。中医儿科用药一贯离不开珍珠或珍珠粉，人们还利用珍珠配制成珍珠丸、珍珠粉、牛黄安宫丸、八宝眼药、六神丸、行军散、少儿回春丹、复方哮喘散、生肌散等数十种有名的中成药。

珍珠的妙用

163. 货贝有何特殊的使命？

在人类文明的摇篮时期，货贝曾长期被作为货币来

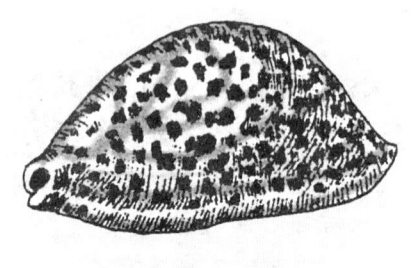

货贝

使用。在中国,春秋、战国时期曾是货贝作为货币使用的鼎盛时期,一直到秦王朝统一中国以后才用金属货币代替了货贝。直到今天,我们汉字中的贩、货、赁、贷、贡、贸等字中仍都含有贝字,大概正是由于这类活动与买卖、财宝、钱财有关吧。

20世纪30年代初,南洋的一些土著人除把货贝作为装饰品以外,仍将货贝作为货币进行商品交换。特别是在西非沿岸的土著人中,用货贝做货币还相当通行,其价值为6000个货贝相当于1美元。在太平洋、印度洋地区的土著社会也是如此。当然,现代人只把货贝的贝壳作为玩物和制作贝雕制品的工艺品原料了。

164. 谁是海洋中的双壳贝类之王?

很久以前,在我国的民间流传着巨蛤伸开两扇大贝壳把人关在里面的故事。据说这种巨蛤外壳坚硬如石,壳面上长着一条条深沟,就好像被车轧过的渠道一样。它就是学名叫作"砗磲"的海中巨蛤。

这种巨蛤有一对厚厚实实的石灰质外壳,那壳的表面具有隆起的放射肋,壳的边缘有很大的缺口,弯曲如荷叶边,像一道道深深的凹槽,形状好似车渠,因此得了学名为"砗磲"。

砗磲又分为大砗磲、鳞砗磲、无鳞砗磲等几种。它生活在热带海域,喜欢栖息在低潮线附近的珊瑚礁中间,主要分布在印度尼西亚、菲律宾、澳大利亚等地。在我国的台湾省南部、西沙群岛和南沙群岛的珊瑚礁海区也有分布。尽管许多人都听说过砗磲是双壳贝类中的"巨人",可你知道它究竟有多大吗?它最大的壳长可达2米,重量可达300千克以上,生活在赤道附近的人们还常常用砗磲的壳作为儿童的浴盆呢。

砗磲浴盆

专家们还根据砗磲的大小、长度推算出它们的生长年限,长50厘米的个体需要12年时间才能长成,每年约增长5厘米。它们年幼时生长较快,以后逐渐减慢。它们的寿命通常可达80—100年,有的甚至可以存活数百年。如此看来,砗磲不仅是双壳贝类之王,还是贝类王国中的老寿星呢!

165. 砗磲有什么样的生活特性？

砗磲的贝壳外面通常为白色或浅黄色，里面都是白色，它的外套膜色彩鲜艳，有孔雀蓝、粉红、翠绿、棕红等颜色，绚丽多彩。砗磲的外壳还常有各色花纹，并常与千姿百态的珊瑚生长在一起，相映成趣。

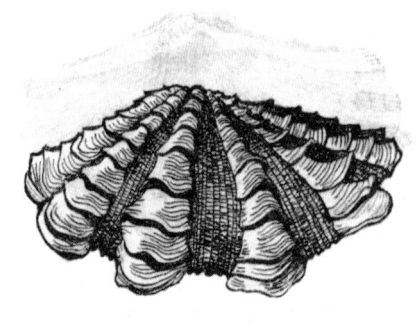

砗　磲

在砗磲发育期间，胶质的足丝从孔中伸出来，牢固地把自己黏在岩礁上，因而等到它长成成体以后就再不能随便移动位置了。也有的砗磲是在珊瑚礁上穿孔穴居的，它们利用坚硬的足丝做支点，用贝壳把珊瑚磨穿成洞，栖息在里面，仅把腹面部分露在珊瑚礁的表面。要想采到这样的砗磲，非用斧头或凿子先把周围的珊瑚敲掉不可。

别看砗磲体形巨大，它的食性与其他双壳贝类一样，都是靠滤食海水中的微小浮游生物为生。有趣的是，除了这种取食方式以外，它们还同一种叫虫黄藻的单细胞藻类共生，并以这种藻类做补充食料。砗磲的外套膜上有许多特殊的晶莹的颗粒状结构，称玻璃体，能聚集光线，虫黄藻就分布于砗磲外套膜上的玻璃体表面，当砗磲贝壳张大时，外套膜露出，虫黄藻就利用玻璃体聚集的光线和砗磲的代谢物进行光合作用，生产出含有糖类的有机物质,并迅速繁殖起来。砗磲则吸取虫黄藻作为自己的食物,同时使虫黄藻的密度降低,也会促进虫黄藻的生长与繁殖。砗磲的这种自己"做饭"的本领,也是贝类世界中绝无仅有的奇迹。

166. 牡蛎有哪些独特的生活习性?

牡蛎是一种固着在海滨岩礁上生活的海洋贝类,俗称"海蛎子"。牡蛎的一生具有许多奇特有趣的生活习性。刚出世的幼蛎,可以在水中自由游泳,但当它们遇到合适的环境时,就开始寄生在岩石或其他坚硬的海中物体上,终生过着固着式的生活。幼蛎一旦固着,就像钉子入木似的,变成了终生不能行走的动物。

牡蛎有一张覆盖在身体上的白色透明的"皮肤"——外套膜,也就是它的"眼睛"。外套膜的边缘还长着许多柔软的小触手,是牡蛎感觉最灵敏的器官,具有强烈的感光性能。当鱼类或其他爬

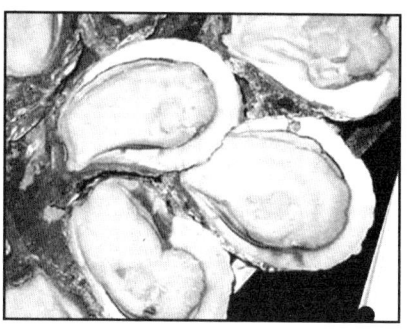

牡蛎

行动物经过它身边时,由于外套膜突然遮光,就会产生"阴影反射"。当这个突如其来的信号闪电般地传递给牡蛎的智慧神经,它便会迅速将贝壳合拢,从而具有防御外敌、保护自身安全的能力。

海洋是一个巨大的"粮仓",潮水会日夜不停地给牡

蛎送来丰盛的食物。涨潮时,牡蛎被海水淹没,它就会微微地张开贝壳,海水从它的外套膜的边缘流入外套腔中,然后经过鳃,又从背缘流出体外,牡蛎就是依靠这个水流过程来进行呼吸和摄食的。

167. 牡蛎为什么有"海中牛奶"的美称?

牡蛎是一种常见贝类,广布于世界各地沿海,是世界第一大养殖贝类,也是我国传统的四大养殖贝类之一。牡蛎在我国有很多名字,广东称蚝,福建叫蚵,而江浙一带称作蛎黄,山东以北把它称作海蛎子。

牡蛎——"海中牛奶"

牡蛎作为海产珍品不但肉嫩味鲜,而且营养价值很高,素有"海中牛奶"之称。据科学家分析,牡蛎干肉中含蛋白质45%～57%,肝糖19%～38%,脂肪7%～11%,此外还含有多种矿物质、牛磺酸以及丰富的维生素A、维生素B_1、维生素B_2、维生素D和维生素E等。牛磺酸具有增强机体免疫力、促进新生儿大脑发育、增进智力的作用。牡蛎体内的含碘量比牛奶或蛋黄高出200倍。牡蛎的壳含有丰富的钙质,若经焙烧水解成为活性物质后,易于被机体吸收和利用。这些都说明牡蛎的营养价值足可与牛奶相媲美。

此外,牡蛎还具有相当的药用价值,早在《本草纲目》

海洋生物

中就已记载了牡蛎有治虚弱、解丹毒、止咳等功效。

168. "吐铁"是种什么动物？

泥螺，古称"吐铁"。据史料记载："吐铁亦名泥螺，俗名泥蛳，岁时衔以沙，沙黑似铁，至桃花时铁始吐尽。"现今在温州称泥螺，这是因其生长在泥中的缘故。在闽南，因其盛产于麦熟季节，又被称为"麦螺蛤"。在江苏、浙江、上海一带，因其壳为黄色，它被称为"黄泥螺"。泥螺体呈长方形，无触角，外壳呈卵圆形，壳薄脆，其壳不能包被全部身体，腹足两侧的边缘露在壳的外面，并反折过来遮盖了壳的一部分。

泥螺是典型的海洋潮间带底栖匍匐动物，多栖息在中底潮带泥沙质的滩涂上，对温度和盐度的变化适应力强。在风浪小、潮流缓慢的海湾中尤其密集，以东海和黄海产量最多。泥螺行动缓慢，但它用头盘掘起泥沙与身体分泌的黏液混合，并把它们包被在身体表面，酷似一堆凸起的泥沙，起着拟态保护作用。

在天然海区，泥螺资源数量有限。水产科技工作者认为，要保证市场长期稳定供应，发展人工养殖泥螺是必由之路。所以，继文蛤、蛏子、泥蚶等贝类人工养殖之后，泥螺成了又一新兴海水养殖品种。

169. 海兔是哪种动物？

在海洋中，有这样一种动物，当它耸起两只"耳朵"时，外形酷似兔子，人们便把它称为"海兔"。日本人把它称为"雨虎"。其实，它既不是"兔"，也不是"虎"，它属于软体动物，腹足类，是一种小型的贝类，与海螺同族。不过，

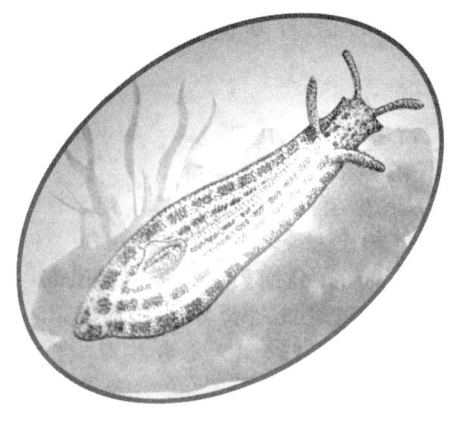

海兔

海兔的贝壳已退化,仅剩下遍体透明的角质层,而且大部分埋在外套膜内,从外面是根本看不出来的。

海兔的种类很多,常见的有"黑指纹海兔"、"蓝斑背肛海兔"、"斑拟海兔"。它们的成体有10厘米左右,重量也只不过30克。它们的头上长着两对分工明确的触角,前面一对稍短,专管触觉;后一对稍长,专管嗅觉。海兔在海底爬行时,后面那对触角分开成"八"字形向前斜伸着,嗅四周的气味;休息时这对触角立刻并拢,笔直向上,极像兔子的两只耳朵!

海兔的足相当宽,足叶两侧发达,足的后侧向背部延伸。平日里,海兔用足在海滩或水下爬行,并能借助足的运动作短距离游泳,静止不动时两侧足就向上翻起包住身体。最为奇特的是,所有海兔的肛门都长在它身体背部的中央,并且一律朝天开放,这在动物界中可算是独树一帜了。

170. 小海兔是怎样保护自己的?

海兔特别喜欢在海水清澈、水流畅通、海藻丛生的海湾中生活,主要以各种海藻为食,也吃些小型的甲壳类。别看它弱小,可它有一套很特殊的避敌本领,那就是吃什

海洋生物

么颜色的海藻就变成什么颜色。例如,有一种海兔幼时吃了红藻,体色是玫瑰色,而当它们长大后改吃海带,体色就变成了褐色,吃墨角藻的海兔身体就会变成棕绿色。有的海兔体表还长有绒毛状和树枝状的突起,使得海兔的体型、体色及花纹与栖息环境中的海藻十分相近,这样就为它自己避免了不少麻烦和危险。

除此之外,海兔还有一套防御敌害的招数,那就是藏于体内的两种腺体:一种叫"紫色腺",储存在外套膜边缘的下方,如果碰到敌害,"紫色腺"就会迅速释放出紫色的烟幕弹作掩护,海兔借此逃之夭夭;它还有一种"蛋白腺",内含毒性,当它受到外界刺激时,释放出一种难闻的酸性乳状汁液,敌害则会闻味丧胆,不战自退了。

此外,海兔身体上还有许多腺细胞,能分泌大量浓厚、润滑、无色透明的黏液包住身体,使它在露出水面时能够防止水分的蒸发,遇到大风浪时,还可以减轻风浪的冲击。

171. 为什么说海兔是昼行夜伏的"闹钟"?

公鸡能报晓,催人早起,被人称为"活的闹钟"。无独有偶,昼行夜伏的海兔,它的生物钟对于破晓的时刻也有着精确的指示。虽然海兔不会高声报晓,但它可通过神经系统发出电脉冲信号,通知它的身体器官准确报时:"清晨已到,新的一天即将开始。"

科学家们研究发现,海兔身上有4个神经结,即脑、足、侧、脏,其中控制摄食活动的脑神经结特别引人注目。如果把它单独取出养在海水罐里,它仍然可以存活48小时。这个神经结中有一个很大的神经细胞,把它分离出来后仍能发出神经脉冲。

当人们把神经结中的大神经细胞分离出来后进行测量,结果发现,每当明暗交替的时间一到,它的神经脉冲便迅速增加。这充分说明了海兔是利用神经系统进行生物钟控制的。在它的生物钟中,一个单个的细胞就能学习和记忆时间数据,令人惊叹不已。如果人类能模仿这种细胞的功能,就可以制造出新型的超微型计算机来了。

172. 海兔是怎样繁殖的?

一个十分有趣的现象是,海兔是雌雄同体的小动物,也就是说每一只海兔既有雄性器官又有雌性器官。但为了保证后代的健康成长,它们却选择异体受精,而避免自体受精。春秋两季是海兔的繁殖季节,性成熟的海兔总是成群结队地来到沿岸举行"集体婚礼"。

最奇特的是海兔的交尾方式:它们常常是三五个到十几个联成一串进行交尾,每当这时,最前面的一个海兔充当雌体,而最后面的一个作为雄体,中间的既充当雌体接受后面一个海兔的精子,又充当雄体,为它前面的海兔提供精子受精。

海兔生殖能力很强,每只海兔能产卵几十万粒。卵子都被包裹在条状的胶质带中以卵群形式产出,每次产卵时间可持续1小时~3小时。有人以18米长的卵索带为标本进行统计,结果计算出它竟含有10.8万个卵。海兔产卵甚多,但大多数卵都被其他动物吞食掉了,能孵出的只占极少数。被孵出来的海兔,经2个~3个月后即可发育成成体。

由于它的卵群细长,是半透明状的,挂在其他物体上,在海水中飘飘扬扬的像粉丝一样,所以,广东沿海人们称之为"海粉丝",是营养丰富的美味食品,也是消炎清热的良药。海兔分布于世界暖海区域,我国暖海区也有海兔,福建、广东沿海的渔民已经成功地进行了海兔的人工养殖。

173. 鲍鱼是贝还是鱼?

鲍鱼的肉柔软鲜嫩,是名贵的海产食品,被尊为海中八珍之冠。可鲍鱼并不是一种鱼,它是海螺的近亲,是一种单壳贝类。中国古代把鲍鱼称为"九孔螺",这是因为鲍鱼的贝壳边缘外有一排小孔,是呼吸、摄食、排泄、生殖的通道,有的种类恰好有9个开孔,因此而得名。

鲍鱼

在鲍鱼的身体外边,包被着一个厚的石灰质的贝壳,这是一个右旋的螺形贝壳。不过,它的贝壳很特别,椭圆而扁,像只大耳朵一样,因此它的学名按字译就是"海耳"的意思。鲍鱼生来就只有半面壳,别看贝壳的外面黑不溜秋,壳内却富有五彩斑斓的珍珠层,闪着彩色的珍珠光泽,有"千里光"的美名,是装饰品及贝雕的极好原料。

鲍鱼的足部肌肉特别肥厚,占体重的40％左右,吃鲍鱼实际上就是吃这块肉足。鲍鱼腹面这一椭圆形肉足分为上、下两部分。上足生有许多触角和小丘,用来感觉外界的情况;下足伸展时呈椭圆形,腹面平,适于附着和爬行。

174. 鲍鱼是怎样生活的?

鲍鱼分布在温带、亚热带和热带海域中,全世界已知有90余种,中国沿海有杂色鲍、耳鲍、半纹鲍、羊鲍、皱纹盘鲍等种类。

鲍鱼的生活

鲍鱼的壳面呈褐色,它在日常生活中会用肥大的足吸附在海中的岩石上,喜欢生活在水流湍急、海藻繁茂的岩礁地带,在沿海岛屿或海岸向外突出的岩角安家落户。鲍鱼多爬匍于岩礁的缝隙或石洞中,它们分布的水深随种类而不同,像我国北方的盘大鲍一般分布在10米多的水深处,在冬季为了避寒向深处移动,深度可达30米。到了春季慢慢上移,有的可在潮线下数米生活。

鲍的头部有一对细长的触角,触角的基部长有眼睛,口在触角之间的腹面上。它的口腔里有颚片和齿舌,齿舌数目很多,位于一条齿舌带上,使整条齿舌带看起来像一把锉刀。鲍鱼就靠这把"锉刀"来锉取食物。鲍鱼喜欢吃红藻和褐藻,尤其爱吃海带、马尾藻。鲍鱼的食量随季节而有变化,一般水温较高的季节吃得多;冬季不太活动,吃得就少了。

鲍鱼过着昼伏夜出的生活,平时生活在水深10米左右的海区,白天躲在家里睡大觉,喜欢在夜晚10时至次日凌晨3时到海藻丛生的地方活动觅食。鲍鱼还有一种归巢的习性呢,不论旅行多远,当天快亮时,总能缓缓地爬回自己的"家"中。

175. 鲍有何惊人之处?

鲍不仅居于"八珍"之首,而且还有着令人惊叹的吸附能力。一个壳长仅15厘米的鲍,它足底的吸附能力可达200千克。这对垂涎三尺的人们来说,可是个不小的难题。有经验的捉鲍能手多用突然袭击的方法,瞄准有鲍鱼的石缝猛铲过去,出其不意地将它从岩石上铲下,在它尚未醒悟时立即捉住,不再给它有重新吸附的机会,趁机捕获鲍鱼,这样它便成为人们盘中的美餐了。名医李时珍对此有过这样生动的描述:"海人汩水,乘其不备,即易得之,否则粘连难脱也。"更有趣的是,在热带海域的岩礁洞穴中采燕窝时,采集者把鲍鱼一个个地置于要攀登的岩石上,靠其吸力以此步步为营攀高来摘取燕窝。虽说此言有些离奇,不过这也从另一侧面说明鲍鱼具有惊人的吸附力。

鲍鱼借助于坚硬的贝壳和强大的吸附力来防御敌人的侵袭。当遇敌时,鲍鱼可以迅速用宽阔有力的足紧紧吸附在岩石上,只把坚硬的外壳朝向敌人,使想吃它的螃蟹、海星之类望壳兴叹,无可奈何。

据说,只有章鱼才是它的对手,当鲍鱼碰上章鱼时可以说是无计可施的。狡猾的章鱼捉鲍鱼时,先是用腕堵住鲍鱼壳上的小孔,使它因窒息导致肉足失去黏附力,然后再用腕上强有力的吸盘把鲍鱼从岩上吸下来,鲍鱼就这样成了章鱼口中的美食。

176. 乌贼是鱼吗?

乌贼俗称墨鱼,其实它并不是鱼,而是牡蛎和贻贝的近亲,同属于贝类。乌贼与一般贝类的区别在于:贝类的贝壳一般都是生在身体的外面,起到护身盾牌的作用,而乌贼的贝壳在长期进化中,为适应海里的游泳生活演变成了包在外套膜里面的内壳,就是在中药里叫作海螵蛸的内骨骼。

乌贼的内壳疏松多孔,可以蓄存空气增加浮力,类似于鱼鳔的作用,所以,它能像鱼一样在茫茫海洋中自由自

乌贼

在地遨游,这是其他贝类所望尘莫及的。在乌贼头的下方有一个游泳器官叫作漏斗,乌贼借助它可以巧妙地利用喷水的反作用力进行游泳,现代火箭就是利用这个原理制造出来的。乌贼游泳能力很强,可作长距离洄游,在秋冬季节游向深水处越冬,春夏之季则游至近岸浅水处进行繁殖。

177. 乌贼为什么被称为"海中火箭"?

相对于在太空中飞行的火箭,在碧海深处也有一种"火箭",而且是有生命的"火箭",那就是乌贼。乌贼怎么会与火箭相提并论呢?那是因为乌贼与火箭有很多相似之处。乌贼的身体构造很像火箭,它们那匀称而狭长、两头尖尖的菱形尾鳍就很像火箭的稳定翼片。当它们以最大的速度前进时,它们那闪电般的动作,有如火箭在穿越海洋！

乌贼体呈流线型，行为鬼祟，动作敏捷，性情凶猛，完全可以和鱼类相敌。平时，乌贼靠身体后部的三角形鳍作波浪式的运动而缓慢前进。如遇险境或追猎其他动物时，它会立刻猛烈收缩外套腔使水从前腹部的喷水孔中射出，顿时产生巨大的推进力，乌贼就像离弦之箭似的冲杀出去，速度快似火箭。乌贼能如此快速游动的原理与喷气推进的原理非常相似。有一种乌贼，其喷水推进力之大，足以使它冲出水面，在空中滑翔数米远，故又有"飞乌贼"之称。

178. 乌贼是怎样实现火箭式运动的？

乌贼是怎样实现火箭式运动的呢？原来，乌贼的构造很特别，它整个身体包围在一个大口袋般的外套膜里，外套膜与头部仅在漏斗基部以闭锁器装置相连接。外套膜与外界有两个开口，一个是环形的外套孔，另一个孔是漏斗的开口。

当乌贼游泳时，依靠闭锁器装置可以使外套膜边缘随意关闭和开张。当外套膜边缘张开时，海水就可以进入外套腔中，然后利用闭锁器使外套膜与漏斗基部紧合，这时水就不能从外套腔中溢出，再依靠外套肌肉的收缩，使水从漏斗孔向外喷射出去。由于较多的水从较小的孔口喷出，就形成很快的水流，依靠这股喷射出去的海水的反作用力，就能推动身体飞速向前。可你知道吗？乌贼完成这一系列动作还不到1秒钟。漏斗孔喷出的水流越快，乌贼行动也就越迅速。这样的冲刺一次接一次，使前进的速度加快到惊人的程度,每秒可达15米,最大速度可达每秒42米。由此可见,它被称为"海中火箭"是当之无愧的。当然,在没有必要采取迅速行动的时候,它们会在水中慢条斯理地悠闲游逛,又显得怡然自得。

179. 乌贼还有什么防身妙技?

乌贼能像鱼一样在海中快速游泳,最高时速可达150千米,有时还能跃出水面达7.8米高。此外,乌贼还有一套施放"烟幕"的绝技。乌贼体内有一个墨囊,囊内藏着能分泌墨汁的墨腺,在遇敌害或危急时,墨囊收缩,射出墨汁,霎时,海水中"乌云"滚滚,一片漆黑,来犯之敌只好"望墨兴叹",乌贼趁机逃之夭夭。它的墨汁中还含有一种毒素,能用来麻醉小动物,所以,乌贼还有个绰号叫墨鱼。

乌贼的身体像个橡皮袋子,内部器官包裹在袋内,身体的两侧边缘有肉鳍,是用来游泳和保持身体平衡的。它的头较短,两侧有发达的眼睛。口长在头顶,口腔内有角质颚,能撕咬食物。乌贼的足特化成10条腕,都生在头顶,其中有8条较短,内侧密生吸盘,另有2条较长,只有前端内侧有吸盘,称为触腕。乌贼就是用这些腕捕食和防身的。由于乌贼具有十分独特的生存技能,不仅弱小的生命会丧生于乌贼的腕下,即便是海中的庞然巨物——鲸,遇见体长达10余米的大乌贼也难以招架。如此说来,在海洋中,乌贼堪称强兵悍将了。

180. 如何分辨乌贼的喜怒哀乐?

乌贼除了能像火箭般快速游泳和施放烟幕弹以外,还有一种特别的本领,就是随时变换体色。从乌贼体色的变化可以知道它的喜怒哀乐。当乌贼进食时,它身体表面的颜色就像一块霓虹板,五彩纷呈,变化多端。当遇到敌人时,乌贼身上立即会出现像斑马一样的宽黑条纹,以示恫吓,只有到了最危险的时候它才会使出看家本领——喷出墨汁来。

乌贼的头似帽状,嘴巴周围袅动着8条放射状的腕。猎食时,从口侧的2个洞中突然伸出2条触手,几乎和身体一样长,迅速而牢固地抓住猎物,刹那间身上光怪陆离的色彩全部消失,换上一身淡雅的乳白色素妆,然后迅速地收回触手,将猎物准确地送入嘴中,样子十分凶狠。当它美餐一顿以后,身体周围狭窄的鳍裙还会缓缓地掀动,这就显得文静而优雅,一改进食时凶狠的嘴脸。

181. 谁敢与鲸鱼争雄?

海洋的深处生活着一种大王乌贼,它的身长可达18米,重约30吨,是世界上最大的无脊椎动物。大王乌贼非常凶猛,凶猛到竟敢与世界上最大的哺乳动物——鲸鱼搏斗。大王乌贼的腕最长可达11米,伸展开来就像一条条巨蟒,腕上生有数百个大大小小的吸盘,动物一旦被它吸住就很难逃脱。

这种巨型乌贼虽然属于较低等的软体动物,却有着大得像只餐碟、构造与高等动物几乎一样复杂完美的眼睛。大王乌贼能通过将海水吸入深红色的鱼雷般的体腔内,然后从漏斗末端的水管中喷射出来获得动力,像喷气式飞机一样在海中疾行如飞。大王乌贼除捕食鱼类以外,还能蚕食同类。

海洋生物

当大王乌贼和鲸鱼这两种庞然大物相遇时,经常会发生一场惊心动魄的搏斗。鲸鱼很强大,大王乌贼也不示弱,搏斗中海水被搅起轩然大波,鱼虾也落魄而逃。不知要经过多少回合,才能分出胜负。如果大王乌贼能成功地用腕上的吸盘堵住鲸鱼的鼻孔,使鲸鱼无法呼吸到空气,便能成为这场战争的胜利者;否则便成为鲸鱼的美餐。但是,即使鲸鱼最终战胜了大王乌贼,也已被大王乌贼强有力的腕和吸盘弄得遍体鳞伤,实际上应该说是两败俱伤。

182. 传说中的海怪指的是哪种动物?

"一条轮船鼓足了巨帆,在大海上破浪行驶着。突然,狂风大作,浪涌十尺,从水下窜起一个硕大无比的怪物,它伸出8条长臂,紧紧地缠住了轮船,顿时,整个轮船就从海面上消失,被这怪物拖到海底去了"。这是在旧时

章鱼——8条长臂的海怪

航海家之间广为流传的一个骇人听闻的故事。这个故事

尽管很离奇,但多少还是有些根据的,因为海洋里确实存在着长有8条长臂的动物,这就是章鱼。

章鱼的体型与乌贼类似,区别只不过是8条长臂与2条长臂之分。章鱼的头顶上长有8条像飘带一样的长臂,弯弯曲曲地漂浮在水中,渔民们又称它为"八带鱼"。它通常生活在海底,以虾、蟹等甲壳动物、腹足类和双壳类软体动物为食。章鱼的8只长腕可厉害了,每只腕上都长满了吸力很强的吸盘,小的动物一旦碰上它便休想逃脱,就是和一些大的海洋动物相遇了,也能激战一番。

183. 章鱼的腕有什么妙用?

章鱼是一种敏感动物,它的神经系统包括中枢神经和周围神经两部分,在脑神经上又分出听觉、嗅觉和视觉神经,是无脊椎动物中最复杂、最高级的神经系统。它的感觉系统中眼睛最发达,又大又圆,鼓鼓的,一动也不动,像猫头鹰眼似的闪亮。它的眼睛构造也很复杂:前面有角膜,周围有巩膜,还有一个能与脊椎动物相媲美的发达的晶状体,眼睛后面的皮肤上还有个专司嗅觉的凹陷。

章鱼腕的妙用

章鱼的腕在它的生活中极其重要，8条感觉灵敏的触腕，每条都长有很多个吸盘，每个吸盘拉力都有100克，小生物一旦被吸住，根本无法逃命。章鱼的腕还有不同的分工，当它睡觉时，把自己柔软的身子藏在石头的裂缝中，腕也都蜷缩起来，只留下两条腕值班，不停地在四周移动。如果这时去触动这些休息的腕，可要费很大劲儿才能把它弄醒，但是，万一碰上守卫的腕，它就会立即跳起来，并施放墨汁来隐蔽自己。

　　更令人惊奇的是，章鱼的腕一旦被敌人捉住，它也会果断地来个"壮士断腕"，以保全性命。当触腕断后，伤口处的血管会极力地收缩，使伤口不会流血并能迅速愈合，第二天就能痊愈，不久还会长出新触腕来。

184. 章鱼哪来的变色本领？

　　章鱼除了有断腕求生的本领之外，还有十分惊人的变色能力。它可以随时变换自己的皮肤颜色，使之适应周围环境的不同变化。章鱼在害怕时体色呈白色，愤怒时变为红褐色，有时还变成棕色或全身出现斑点，平时则是褐紫色的。有人发现，即使把它打伤了，它仍然有变色能力。

　　那么，章鱼怎么会有这种魔术般的变色本领呢？原来，在它的皮肤下隐藏着许多色素细胞，里面装有不同颜色的液体，在每个色素细胞里还有几个扩张器，可以调节色素细胞的伸缩。章鱼在恐慌、激动、兴奋等情绪发生变化时，皮肤都会改变颜色。控制章鱼体色变换的指挥系统是它的眼睛和脑髓，如果某一侧眼睛和脑髓出了毛病，这一侧就会固定为一种不变的颜色了，但另一侧仍旧可以变色。

185. 章鱼有什么样的性格？

在海底生活的章鱼好斗成性，欺软怕硬。在遇到强敌时，它便溜之大吉，实在逃不掉就施展"丢卒保车"战术以求生；在碰到弱者时，它就会使出绝招击败对方。每当发现猎物时，聪明的章鱼便开始运用第一个战术变色，一会儿红，一会儿绿，忽亮忽暗，把对方弄得眼花缭乱，无法抵挡；接着它会使用第二个战术——用发达的腕把对方包围起来，再喷射"烟幕弹"麻痹敌手，使其晕头转向，动弹不得，然后把猎物置入口中，开始享用这美味的战利品。

章鱼的性格

章鱼机警狡猾，除了善于变色和喷墨外，还常用灵活的腕巧妙地移动石头。石头既是它的建筑材料，又是防御敌害攻击的盾牌。一旦找不到藏身之处时，章鱼就会动手建造住宅，把石头、贝壳和蟹甲当做建筑材料垒成巢窝,它自己就隐居其中了;章鱼出击时,常常是借用石块作为挡箭牌,放在体前,一有风吹草动,便把石块推向敌害,同时利用漏斗向敌害喷射墨汁。

186. 章鱼也有爱心吗?

章鱼在我国沿海从南到北都有分布,主要种类为长蛸、短蛸及真蛸,每当秋冬季节,它们会群集在深水中越冬,春季时又游到沿岸产卵。由于章鱼卵子成熟时很像大米粒,所以,章鱼又被称为"饭蛸"。

章鱼的爱心

章鱼虽然凶狠,但却爱憎分明,对待子女关怀备至。每当繁殖季节,雌章鱼就会产下一串串晶莹饱满的犹如葡萄串似的卵群,然后用胴部靠着卵群进行保护,在小章鱼出世之前,雌章鱼寸步不离卵群,还不时用触手翻动亮晶晶的卵,并从漏斗中喷水挨个冲洗。

因雄章鱼有食卵现象,为此常与雌章鱼发生争斗,但雌章鱼在争斗过程中还仍旧用第四对腕钩住卵群,以防其他敌人乘虚而入。雌章鱼护卵可谓尽心尽力,直到小章鱼出世以后,仍不肯离去。多数雌章鱼因此累得憔悴不堪,也有的因过度辛劳而不幸献身。

渔民们掌握了章鱼爱钻洞的习性,便可进行诱捕。每年清明前后,渔民们把红螺壳钻洞,用绳拴成螺网串沉入海中,产卵章鱼看到大片红螺壳适合于进入产卵,便争相钻入,结果误陷螺网。渔民将红螺串拉起来收网,就可大获丰收。

187. 什么是毒贝?

毒贝就是指那些毒腺或唾液腺能分泌毒液的贝类。在 10 万多种贝类中,对人类有毒的贝类有近百种,如香螺、荔枝螺、海兔和芋螺等。

到南海采集贝类时不可直接用手拿,也不可把采集到的贝类直接放在口袋里,这是为了防止有毒贝类,特别是芋螺作怪。芋螺为上宽下窄倒置的圆锥体,色彩斑斓,因它的外形好似鸡心,又名鸡心螺。芋螺有一个运动灵活的吻,当吻外伸时,齿舌囊中那成对排列有倒钩的箭状齿便会刺向猎物。穴居于沙滩上的芋螺常攻击那些停留在沙面上的小动物,因为小动物柔软的腹部是芋螺的箭状齿易攻击的部位。当然,芋螺的箭状齿要穿透采集者的衣袋也是轻而易举的事。最毒的芋螺是地纹芋螺,多见于我国海南南部珊瑚礁中。据报道,在被芋螺刺过的 38 例中毒事件中,就有 11 例命丧黄泉。死亡率如此之高,关键是人在被刺时可能不会感到疼痛,但最终会导致呼吸障碍甚至死亡。

188. 什么是贝毒？

严格地说，贝毒和有毒的赤潮生物有关，有毒赤潮生物的毒素富集于贝类，常见于牡蛎、扇贝、贻贝、杂色蛤等，经食物链传递最终给人类带来危害。贝毒主要包括4类：麻痹性贝毒、神经性贝毒、腹泻性贝毒和西加鱼毒。显然，贝毒是外源性的，不是贝类本身分泌产生的。

早在工业发达之前数百年，人类就知道贝类具有这一自然现象了。生活在北美太平洋沿岸的印第安部族，一旦发现海面上发光时（赤潮常伴以发光）就不再吃贝类了，即使挨饿，也宁愿以树皮度日。还有记载说，在阿拉斯加的巴腊诺夫岛和契恰果夫岛，印第安人曾设"贝宴"处置了一群为非作歹、贪得无厌的俄国殖民者。

189. 为什么海豆芽被称作活化石？

海豆芽是世界上最古老的动物之一，至今生存历史已超过5.5亿年。从古至今，海豆芽在形态上始终没有显著的变化，因而它又被称作活化石。

海洋中有一种酸浆贝类，它们同双壳软体动物一样，身体柔软，并由两瓣铰合的壳保护，海豆芽就是其中的一种。但是，它们与双壳类并没有关系，双壳类的两瓣壳形状和大小都一样，而酸浆贝类的则一大一小，较大的那一瓣壳末端是个突起的管状壳尖，并有个长长的肉质茎从壳尖孔中伸出，以使这种贝能附着在海底。少数种类的肉茎能够行动，如海豆芽，这有助于这些种类在泥中或沙中挖洞穴居。

海洋生物

威武的虾兵蟹将

190. 谁是古生代的霸主？

三叶虫是古老的节肢动物,它们生活的时期是在6亿到2亿多年前,在当时它几乎占据了整个海洋,是古生代一霸,可惜的是,到了中生代它就已经完全灭绝了。全世界现已发现的三叶虫化石有4000多种,我国是发现三叶虫化石最多的国家之一,有1000多种。

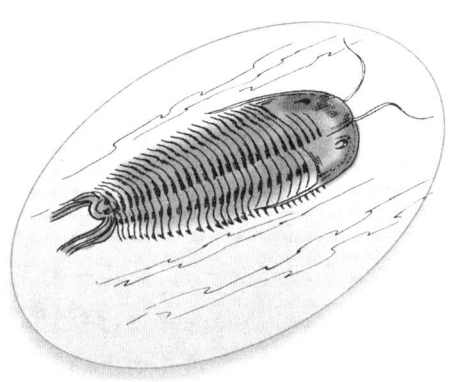

三叶虫——古生代的霸主

三叶虫体形扁宽,背面正中突起,两侧较扁平。背上有两条纵沟,把身体纵分为三叶,因此而得名。它们的形态多种多样,大小不一,最长的达75厘米,最小的不到1厘米。三叶虫在海底过着爬行生活,也会作短暂的游泳,但游泳的速度异常缓慢,也不够灵活,它们的食物是水中的大小动物及低等植物。为了适应各种不同的环境,不少种类有独特的构造。有的用头部前缘钻入泥沙中,摄取食物;有的全身长刺,过着漂浮生活;有的有尾刺,很像现代海洋中的鲎。

191. 谁是节肢动物的元老？

在现存节肢动物中,资格最老的就数鲎了。可鲎虽然有壳,但并不是甲壳动物,它们同蝎子及蜘蛛的关系反而更密切些。鲎是远古的遗民,有"活化石"之称,远在原始鱼类刚刚问世、恐龙尚未崛起时,它就已经是地球上的居民了,并形成了一个繁盛的家族。经过4亿多年的沧桑巨变,这种动物界的元老依然如故。

鲎的身体分为3部分:马蹄形大壳盖住了连在一起的头、胸;底面有鳃、像壳似的腹部;以及脊椎一样的尾,也叫尾节。奇怪的是,它有两对眼睛生在隆起的壳盖上,一对很小,长在中间;一对较大,长在两侧。它行走时通常是在海底弓起身子,用最后一对足和尾推着自己行进,而它游泳时,则是翻过身去,面朝上拍打鳃片推进。游完之后,再用尾部恢复到背朝上的原状。

近些年来,一直默默无闻的鲎却突然声名显赫起来,原来,人们利用鲎复眼的侧抑制原理制成了鲎眼电子模型,已被广泛应用于电视图像的发送,使图像更加清晰。人们还从鲎的蓝色血液中提炼出鲎试剂,对于药品检验、食品卫生和环境监测等都具有重要的意义。

192. 你知道世界上"眼神最好的动物"是哪一种?

据英国科学家介绍:世界上"眼神最好的动物"是生活在澳大利亚大堡礁海域的"螳螂虾"。这是因为漂亮的螳螂虾拥有一对硕大有力的钳子,当它用两个大钳子猛砍食物时的动作和螳螂极为"神似",由此而得名。螳螂虾是甲壳类家族中的口足目动物,全球约有700种,大多数都生存在西太平洋温暖水域的珊瑚岛边缘。

科研人员已经发现,螳螂虾可以看见12种"原色",

是人类识别原色能力的4倍。当它利用体内一种高度敏感的细胞来辨别进入眼睛的光线时,从接近紫外线到红外线的整个可见光光线都能有效地识别出来。

心明眼亮的螳螂虾

螳螂虾在长达4亿年的进化中几乎没有任何改变,心明眼亮的它们在扑食猎物时极为神速,无论何时总能出击得手,部分品种的螳螂虾甚至在身体下面还藏有一对迅猛出击的"锤"。这种身披厚厚甲壳的家伙还非常善于"潜伏",经常会利用伏击战术置对手于死地,连龙虾和螃蟹若不小心也会成为它的猎物。螳螂虾极为好斗,而且"无所畏惧",就连比它身体大10倍、重10倍的章鱼也敢"骚扰"。即便它被鱼类吞到嘴里,也会不停地挥动带有锯齿,且杀伤力惊人的夹子拼命反抗,因此很难被对手咽下去,经常会被原封不动地吐出来。

193. 鲎是哪一"房"的子孙?

鲎虽说形象不够美,但家族还是有点来历的。远在4亿年前的泥盆纪末期,鲎家族就已存在于海洋世界里

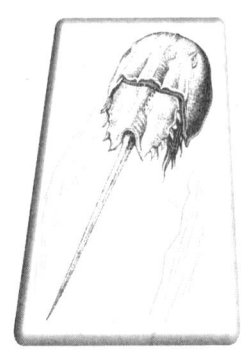

鲎

了。4亿年的风霜雨露,沧桑变迁,它依然如故,所以科学家把它与水杉、银杏、鲥鱼并称为活化石。这丑八怪家族现有3属5种,分布于北美东部、印度洋以及东南亚沿海一带。分布在我国浙江、福建、广东、台湾省沿海的鲎称为中国鲎。

在动物学上,鲎属节肢动物,可它又是哪一"房"的子孙后代呢?若从它的长相上来看,它有坚硬的壳,应属于甲壳类;它天生还有一支尖硬的尾巴,则又应该属剑尾类;追根溯源又被列为蜘蛛类。鲎的这副尊容,经生物学家一番仔细推敲,用生物学分类的方法,最终还是把它归入肢口纲里了。

194. 鲎与三叶虫有什么亲缘关系?

我们知道,鲎是一种珍奇的海洋动物,就像"鲎"字一样少见。不仅如此,它还是一种世界上体形最大的节肢动物。它们生活在沙质的海底,用附肢和尾剑挖开泥沙穴居,靠吃蠕虫及无壳软体动物为生。像人能跑能跳能爬树一样,鲎也有好几种运动方式:它可以靠头、胸部的附肢在海底爬行,也可以靠腹部的附肢在海中游泳,还可以来个"撑竿跳"——用尾剑把身体突然撑起来。

每逢春夏之际,鲎求偶婚配,生儿育女。幼鲎没有尾剑,身体纵分成中央和两侧3个部分,很像三叶虫的成虫,所以被称作三叶幼虫。这也说明鲎与三叶虫有着亲缘关系。鲎经过了漫长的历史演变时期,至今还仍然保留着原始的特征,所以它是研究动物进化史的珍贵物种,备受动物学家的青睐。

195. 鲎的血液有什么与众不同之处？

我们已经知道,鲎的生态和习性都颇具特色,可它身上最与众不同的还是它身上的血液。如果用尖刀将鲎腰部连接鲎壳周围的软组织割开,将躯体剥离时你就会发现,它的瓢状甲壳底部会留下一摊蓝色的汁液,这就是鲎的血。科学家们研究证明:作为低等动物的鲎,其血液中仅含有0.28%的铜元素,并没有红血球、白血球和血小板,只由单一细胞组成,因而它的血液呈蓝色。我们知道,高等动物的血液能够通过红血球输送氧气,并将二氧化碳排除出去,同时又通过白血球的千军万马与入侵的各种细菌决一死战。鲎的血液中没有白血球,因而它经受不住各种细菌的进攻。鲎血中的单一细胞在遇到细菌后便一触即溃,迅速被瓦解,很快地萎缩,蓝色血液迅速凝固,鲎便丧失了生命。至于为什么鲎具有如此不堪一击的血型,却又能长达4亿多年而不绝种,这又是科学界尚待揭开的谜。

鲎是宝贵的资源:它是生物学研究的活化石,是仿生学研究的对象,而且这丑八怪肉味鲜美,营养丰富,它的壳可以做成用具,尾可以磨制工艺品。正因为鲎身价高,故而常遭殃,连年来的滥捕已使鲎资源明显下降。生物学家、生态学家们纷纷呼吁,要网开一面,保护鲎的资源,切勿"竭泽而渔,明年无鱼"啊!

196. 鲎是怎样生儿育女的?

鲎在生儿育女方面也有与众不同之处,它的产卵方式很独特。雌鲎产卵时必须先在松软的沙滩上筑巢,它先用锐利的头胸甲前缘往沙下钻挖,身子形成一个角度以后,再把尾剑插入沙中,将身体撑起,接着以胸部附肢有力地向前后不断挖掘,很快就能扒出一个马蹄形的产卵窝来。当雌鲎伏在窝中产卵的时候,雄鲎则在雌鲎的体后部给卵子受精了。

更有趣的是,雌鲎产卵不是一次产完,而是产一堆换一个窝。少的产2窝~3窝,多的超过10窝。每窝产卵数都在1000粒左右。雌鲎产完卵以后,随着潮水涨落,产卵窝就被沙覆盖。待1个多月以后,受精卵在沙窝里借助太阳的热能孵化出一只只黄豆粒大的小鲎。这些小鲎们一出世就成了孤儿,狠心的爹娘早就溜回海里去了。四五十天后,小鲎便从黄豆大的透明薄膜中破"土"而出,然后像螃蟹那样随着身体的发育一次次把旧皮蜕去,从一个只有拇指大的幼鲎成长为一只大似磨盘、重量达数千克的成年鲎。

小鲎们的生长过程是很艰难的,要几经寒暑,才能长大。雌鲎又只管生不管养,它将卵产下后盖上一层薄沙就算完事大吉了,只顾自己逍遥自在去了。只是由于鲎的子女众多,再加上它们的一身盔甲,鲎子、鲎孙们才能在那弱肉强食的海洋中繁衍生息,绵延不绝。

197. 鲎为啥有"海底鸳鸯"的美称?

丑陋而又懒惰的鲎有种独特的生活习性,令人类刮目相看。透过清澈的海水,人们会看到一个有趣的现象:水里的鲎,大都是成双成对的;每只母鲎的背上,都驮着一只比它瘦小的公鲎。鲎对"爱情"很专一,雌雄一旦结为夫妇,便形影不离。北部湾一带的渔民,都称它们为"两公婆"。

每年春深水暖,成群的鲎会乘大潮从海底游到海滩来生儿育女。有经验的渔民熟悉鲎的行动路线,事先在半路上布下了长长的渔网。鲎一旦遭到暗算,就只好在网中待毙,这些被捕入"狱"的鲎也是成双成对的。最令人惊讶的是,当人们在水中抓住一只公鲎的尾巴时,这只公鲎会紧紧抱住母鲎不放,母鲎也不愿弃夫而逃,结果它们一块儿被提出水面。由于鲎的这种成双成对、形影不离、朝夕相处、生死与共的生活习性,使得它们被誉为"海底鸳鸯"。

鲎——海底鸳鸯

198. 鲎眼的奥秘在哪里?

鲎身上最奇特之处还是它那两双眼睛。鲎的背上有

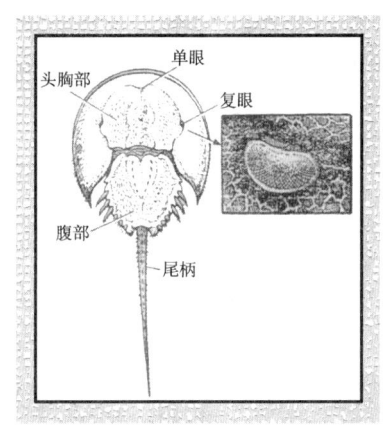

鲎眼的构造

4只骨眼,它们是两只单眼,两只复眼。两只单眼紧挨着,中间只有一条黑线相隔。它的单眼只能感光,看东西主要靠复眼。在昏黑的深海里,鲎却能够行动自如,看清周围的物体,这个现象为人们提供了新的研究课题。

科学家们惊奇地发现,鲎的复眼中有800个～1000个小眼,每个小眼都是一个独立的视觉功能单位。鲎眼的侧抑制原理促成了"鲎眼电子模型"的诞生,使人们可获得更清晰的图像。在深入研究鲎的视觉系统是如何对信息进行处理的过程中,人们还不断发现了一些难以解释的现象,更加激发了人们对它进行深入研究的兴趣。美国的生理学教授哈特莱从艰苦的实验中获得了具有重要意义的答案,因而还获得了1967年度诺贝尔医学生理学奖。

199. 甲壳动物有什么特征?

甲壳动物是无脊椎动物中的一大类,有2万多种。包括人们爱吃的龙虾、蟹、对虾、藤壶、水蚤、海蛆以及一些浮游在海里的动物。甲壳动物和蜘蛛等昆虫一样,同属于庞大的节肢动物集团。这类动物的身体由成对分节的附肢(足)、分成体节的身体和在成长时会蜕掉的外骨髂或甲壳构成。甲壳动物也有陆生种类,不过大都栖于水中,用鳃呼吸。

虾、蟹,人们一般都比较熟悉,因为它们的体外都披有一层厚而坚实的几丁质外壳,都属于甲壳动物。它们分布广泛,大小相差悬殊,最小的仅有一粒米那么大,只有用显微镜才能看得清面目;而大的巨螯蟹,两只螯展开可相距3米多宽。它们有的喜欢自由的游泳生活,有的嗜好在水底爬行,有的附着在岩礁等水下物体或其他动物体上,有的习惯穴居,还有的寄人篱下过着寄生或共生生活。

甲壳动物的生活丰富多彩,它们有些能发出音响,如鼓虾,它的大螯的不动指与可动指骤然合拢时,能发出响亮的爆音,用以御敌或招引异性;有些甲壳动物能发光,如磷虾、樱虾等;绝大部分甲壳动物身上都有一定色彩的斑纹,这是因为它们的真皮层中散布着不同的色素细胞,主要有红、黄、蓝、黑等颜色,也有绿色和褐色,所以能随栖居环境的不同而改变颜色。

200. 甲壳动物是怎样生活的?

甲壳动物大多数为雌雄异体,但那些在海底固着生活的、寄生的和少数自由生活的低等甲壳动物则常为雌雄同体,以适应不能移动的生活方式。甲壳动物的身体表面有外壳,因此它们必须像蝉一样经过蜕皮,身体才能增长。

大多数甲壳动物是底栖动物。从潮间带到近万米的大洋深沟,栖息着不同的甲壳动物。在潮间带有大量成群的蟹类、寄居蟹类、等足类、端足类和固着的藤壶;在潮下带和陆架浅海区水底生活并占优势的是多种虾、蟹,以及端足类、猛水蚤类、介形类等;在深海和大洋深沟底占优势的则是涟虫类、异足类和部分端足类。

有些种类潜居在海底泥沙内,过着穴居生活,如栖居热带红树林沼泽地里的海虾,它的洞穴深度可达1米以上。也有许多甲壳动物以浮游方式生活,是海洋浮游生物中占优势的类群,其中最常见的是毛虾、樱虾、莹虾等,它们常大量密集生活,在海洋表层和深层水体中都居优势。还有许多是以寄生、共栖或共生方式生活的。

201. 虾和蟹同属于哪一家族?

虾和螃蟹都是甲壳类动物,它们的数目可多了,几乎占所有甲壳动物的三分之一。它们的头部和胸部均披盔戴甲,这层甲壳保护着它们的内部器官。它们都用鳃呼吸。对虾和龙虾类的腹部长,可以分成若干明显的体节。而蟹类的腹部小而扁,埋藏在头胸部的下面。它们都有5对足,前面一对有螯,主要用来捕食和自卫。

甲壳动物的壳是不能扩张的,如果它们想要长大,就必须蜕掉旧壳,再长出一个较大的新壳。它们就是这样在不断蜕皮的过程中渐渐长大。蟹和龙虾的壳都是硬的、石灰质的,对虾和许多较小种类的虾的壳则是角质的、柔韧的。龙虾和对虾在危急时会飞快地后退,它们突然弯曲腹部,就能迅速地轻弹扇状的尾部以逃生。

202. 虾蟹脱盔换甲的奥秘在哪里?

由于虾蟹有进攻的武器——发达有力的大螯,也有防卫的工具——披在身上的坚硬盔甲,所以它们在海洋生活中能攻善守，才得以繁衍子孙，万世不绝。

盔甲是虾蟹的骨头，虾蟹从幼年到成年，全身都披着一层几丁质甲壳，里面沉淀着钙盐、蛋白质和甲壳质。盔甲是虾蟹的护身符，通过向外突起的刺、刚毛和棘都富有感觉功能，通过向内深入的突起作肌肉的附着点，可起支持作用。

甲壳长在肉外，实际上是外骨骼。虾蟹甲壳的颜色并不鲜艳，只有热带海洋中的虾蟹盔甲才有明艳的色彩。同时，无论哪种虾蟹的甲壳在高温下都能析出熔点较高的红色素，所以煮熟的虾总是红色的。

幼年虾蟹换甲很勤，而且虾蟹盔甲软而薄，被人们称为皮或皮壳。但随着生长发育，盔甲逐渐变硬，才成为真正的壳。幼年虾蟹的体形容貌与父母大不一样，随着盔甲的更新，它们在生长发育过程中模样不断变化，每改变一次模样就要换一件盔甲。

对虾要换26件盔甲，才能变成父母的模样。那些小对虾更换盔甲的次数相当频繁，每件盔甲穿戴的时间短的只有半天，长的也不过两三天。毛蟹和青蟹则换得较少，但从幼年到成年，也要换6件盔甲才行。

蜕皮后虾体变软，可吸收很多的水分到体内，身体就胀大了。进食长肉后，虾壳却逐渐变硬，长出的肉把原来吸入的水分一点点挤了出去，等把吸进的水全部挤出以后，虾就又要蜕壳换上一个更大的壳了。为使自己蜕皮更轻松些，虾在蜕皮前先把盔甲中的钙、磷等物质吸收到肉体中去，等脱掉旧壳后，再将钙、磷输送到新的盔甲中。

虾蟹生长全靠脱盔解甲来实现。它们在脱去外壳时,往往连同胃、鳃、后肠甚至坚硬的大颚和胃中的齿板等也要脱旧换新。幼虾常常是在夜间换盔甲,它们换甲时动作敏捷,时间短促,只需全身伸展几次,向后弹跳一下就脱去了旧甲。但如果受到惊扰,虾蟹在脱卸旧甲时就会很困难,体质弱的还会遇到危险。在换甲时或换后新甲尚未硬化时,如遇敌害或同类强手的进攻,它们无力保存自己,就会有生命危险了。

203. 虾蟹更换盔甲有什么作用?

虾蟹更换盔甲除了正常的身体生长需要以外,它们还可以利用换壳的机会使缺腿断螯更新再生;同时,又可以清除经常附生在蟹甲上的藤壶、牡蛎等附着生物、附生在虾甲上的刚毛藻、浒苔等藻类,以大大减轻盔甲的重量和身体的负担。另外,鳃上的污泥也可以通过换甲清除干净。

虾蟹换下的盔甲有很多用途,比如,人们把甲壳经过去钙、脱酯、漂白和脱醋酸基等化学处理,制成可溶性甲壳质。这种甲壳质颜色洁白,具有耐酸性、耐晒、耐热、耐腐蚀、不潮解、不分化、不怕虫蛀等特性,不仅用于纺织、印染、人造纤维、造纸、木材加工、塑料等工业,而且还应用于医药、调味品等方面,成为一种很有前途的工业原料。因此,现在有人正在寻找一种能促进甲壳更换的激素,以使虾蟹更快地更新盔甲,从而加快它们的生长速度。

美国、日本等国家从虾蟹盔甲中提取了一种叫蟹壳糖的物质,这种物质可以食用,而且易于消化、分解和吸收,已被应用在各类食品和药品中作添加剂。在工业上,蟹壳糖是制造防潮漆的材料,还可以制成防潮纤维和防潮薄膜。

204. 虾类家族主要有哪些种类?

虾的种类繁多,仅我国已发现的就有400余种,其中绝大多数为海产。它们形态不一,栖息环境和生活习性也各异。虾属甲壳动物,有5对步足,所以被称为十足类。由于虾的腹部发达,又被称为长尾类。

近年来,又有学者提出新的分类方法,将游泳虾中的对虾类(如对虾、虾、鹰爪虾、管鞭虾等)和樱虾类(如毛虾、萤虾、樱虾等)划为肢腮亚目,而将其他的游泳虾和所有的爬行虾(如螯虾类、海蛄类、龙虾类等)同蟹类、歪尾类一样划分为腹胚亚目。对虾类和樱虾类全部为海产,它们的卵直接产在海水中,其他虾类有海产的,也有少数产于淡水或半咸水中。

在虾类家族中,最有名气的就是对虾。它是一种洄游性甲壳动物,以浮游生物为食。由于它的味道鲜美,因而赢得人们的喜爱;又由于它的经济价值很高,因而是重要的捕捞对象。磷虾是一种尚待开发的重要海产资源,南极水域的蕴藏量相当可观。据科学家计算,磷虾体内的蛋白质含量是牛肉的20倍,营养非常丰富。

205. 对虾是什么样子的?

对虾属节肢动物甲壳类,是我国黄海、渤海中重要的渔业资源之一。因为它个儿大,通常成对出售而得名。由于对虾身体透明晶亮,因此也叫明虾。对虾的种类不多,只有20多种,但分布却很广,几乎在世界各处的深洋浅海都有它们浩浩荡荡、奔走不息的洄游大军。

对虾头上长有3对细长的螯足,全身裹着一节节薄而坚韧的甲壳,再加上它的身材"魁梧",比虾类王国的其他成员更显得英姿勃发,因此在一些脍炙人口的神话故事里,它们常常被描写成一群手执兵器、全身披挂盔甲、日夜巡游守卫着龙宫宝殿的卫兵。

206. 对虾为什么要洄游?

对虾起源于暖海,虽然在水温较高的夏、秋两季能够在渤海湾生活和繁殖,但在寒冷的冬季,当水温降到10℃以下时,对虾的生活和生命活动便受到威胁。因此,对虾

对虾洄游

每年都要长途迁游到黄海南部海底水温较高的水域去躲避严寒。这就是对虾洄游的主要原因。

原来,对虾的虾群越冬时是分散的,多不捕食,活动能力很差。在越冬历经两个多月潜居生活后,随着水温的升高,活动能力逐渐增强,生殖腺也就逐渐发育起来。从每年3月底起,分散越冬的对虾又相继集中,成群结队地向北前进。历时两个月,行程近千里,到达近岸浅海后又分散产卵,繁殖后代。在这种洄游繁殖过程中,雌虾经过长途"旅行"已疲惫不堪,产完卵后大部分就会死去,只有体力较强的雌虾才能继续生存。

207. 中国对虾在何方云游?

在对虾王国中,中国对虾独成一家,在国际市场上已久负盛名。中国对虾居住在黄海、渤海域,它们从不远游,也不"走亲访友",一直"闭关自守"、辛辛苦苦地"经营"着自己的天下。

渤海三湾是它们得天独厚的产卵场,这里水温适宜,饵料丰富,每年春夏之交,散居在黄海南部的越冬对虾便成群结队地纷至沓来。它们过威海、经烟台,长途跋涉,历尽千辛万苦,在短短的两个月内,完成了长达1000千米征程的生殖洄游,到达地腴馔美的渤海三湾产卵繁殖。

新生的对虾婴儿就在这优越的环境里生长发育。等到严冬来临时,渤海水温急剧下降至10°C以下,由于这些起源于暖海的对虾系变温动物,不能调节自己的体温,只好背井离乡,踏着春游而来的原路,躲到黄海南部济州岛附近水温较高的海区越冬,待到次年春暖花开的时节,虾群再度北上产卵。中国对虾这种在自然海区长期形成的归原性,使得它们世世代代居住在世界的东方,建立了具有悠久历史的独立王国。因此,海洋生物学家最早给中国对虾定名为东方对虾。

208. 对虾是怎样生长发育的?

在春夏之交的夜晚,风平浪静的渤海湾突然因客人的到来而热闹起来,只见大腹便便的对虾雌虾蜂拥而来,受精卵很快就脱离开母体,随着海水漂荡沉浮,慢慢孵化发育成肉眼难以辨认的小虾。

说也奇怪,刚刚出世的虾宝宝一点也不像父母,倒像一只只天真活泼的小蜘蛛,6条光滑的大腿一刻不停地踢蹬着,好像在水上跳舞似的。夜晚,要是用手电筒向水面照去,这些虾娃娃们就一下子密集在亮光周围,人们把它们称作无节幼体。

经过6次蜕皮变态,小家伙们会长出6条腿,变得像只小蜻蜓了,这就是对虾的幼状体。幼状体的头顶长有尖尖的无齿额角,一对复眼炯炯有神,随时摄取水中那小小的单细胞藻类食物。由于囫囵吞食,它们的尾部常常拖着一线长长的粪便,这在育苗管理上常作为幼状体饮食与否的主要指标。

一个星期内,又是3次蜕皮,这时,虾娃娃们的面庞、体形酷似小型甲壳动物糠虾,所以又被称为糠虾幼体。糠虾幼体初具虾形,长出了10条会爬行的腿,头重尾轻,不时地倒立在水中,乍一看,就像是一只只子子倒悬列队。这个时期的对虾幼体乳牙出齐,手足灵活,开始捕食小型动物为生了,又整整过去6个昼夜,经过三番脱胎换骨的改扮,虾娃娃们有了10条会游泳的腿,才最终变成父形母貌的仔虾。仔虾边长边移向深水域生活,再经过数次蜕皮,到当年的秋末冬初季节便长成大虾,也就该开始新的旅行了。

209. 对虾怎样安家落户?

对虾本来都是有固定活动领域的,但是,在1972年春,世代居住在黄海、渤海的中国对虾却应浙江省海洋水产研究所等单位之"邀",乘船到浙江的温岭县"作客"去了。

好客的主人对来自北方的"贵客"们热情接待、百般照应。入冬,主人给池水加温保暖,使得"小客人"安然无恙地度过了严寒。早春,又为它们准备了产床——水族箱。

到了1973年春,第一代浙江籍的小虾出世了,主人更是把它们捧为掌上明珠,不但饵料精美可口,而且水新氧足。这样,饱受款待、养尊处优的小对虾们怎么能辜负主人的一片盛情呢?于是,它们首先在浙江沿岸安下家来,接着又先后去了福建、广东一些地区,同样享受着天然环境中不可多得的优厚待遇。

时间一年年过去了,安闲舒适的生活逐渐驯化了对虾的习性,它们终于"爱"上了宁静的池塘生活,在江南沿岸扎下根来,再用不着长途洄游,也不想回北方"老家"了。

210. 对虾也有"爱美之心"吗？

实际上，爱美之心虾也有之。虾经常用它的大螯在体表拔拉着，或用触鞭在体表扫刷着，这是虾在清洁附在体表的小生物。待到蜕皮时，对虾会将附着物彻底除掉，所以对虾看上去总是光洁而美丽。刚蜕壳的虾不会动，所以，为安全起见，它们常躲到隐蔽处"更衣"，这就是人们很少看到正在蜕壳的虾的缘故。

211. 什么是龙虾？

龙虾主要生活在温暖海洋的多岩礁浅水地带，主要分布在印度-西太平洋海区。它们行动缓慢，白天常潜伏在海底岩礁缝隙里，夜晚出来觅食。它们的卵刚孵化时，幼体像一片树叶，因此，叫作"叶状幼体"。这种叶状幼体要在海洋中漂浮长达半年之久，经数次蜕壳后才成为龙虾的模样，经过一段游泳生活再定居于海底，过着爬行生活。

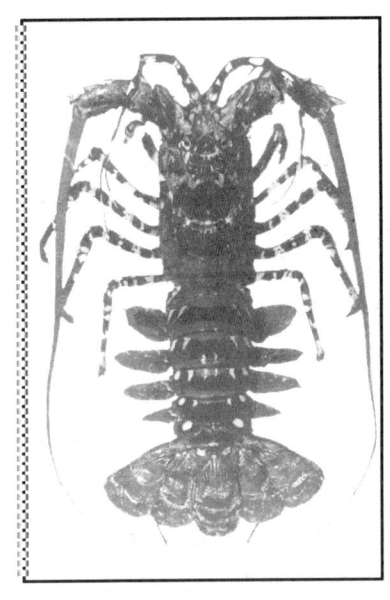

龙虾

龙虾包括龙虾和螯虾两个不同种类。龙虾全部生活在海里，螯虾则既有海产种，也有淡水种，海产的螯虾称为海螯虾或螯龙虾。龙虾是十足类动物，它的外骨骼或外壳是由石灰质硬甲片构成的,靠坚韧的皮质关节相连接。它的长腹部分为若干体节,每个体节都有一块甲片和一对附肢(也叫游泳足),像把水扇一样。

龙虾是海洋中最大型的爬行虾类,龙头虎身,状如神话里描述的凶龙,素有"虾王"之称。它们的体长一般有20厘米～40厘米,体重约500克。我国有8种龙虾,最大的锦绣龙虾体重可达5千克。

龙虾的头盔状如龙冠,两条长长的触鞭恰似古代武将头冠上的雉鸡翎,再配上一对粗壮的步足,好似挟持着刀叉战戟、神采威武的战将。中国龙虾数量最大,主要盛产龙虾,其次是锦绣龙虾、波纹龙虾、密毛龙虾、杂色龙虾及长足龙虾等。这些品种主要分布于我国浙江的舟山群岛、福建的牛山岛,以及广东、广西等地的近海水域。

212. 世界上最大的螯龙虾有多大?

生活在大西洋北部的挪威海螯虾以及北欧、北美产的螯龙虾中,有些种类个体很大。1934年,深海拖网船"赫斯勃"号在北美采到一只长达1.22米的螯龙虾,重19千克,现

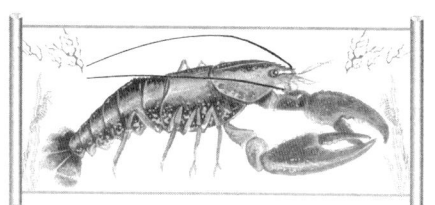

螯龙虾

陈列在美国波士顿科学馆内,是世界上所采到的最大的螯龙虾。

螯龙虾有3对螯足,尤其是第一对螯足特别粗壮,极容易和龙虾相区别,其重量约为体重的一半,有的甚至可

占体重的三分之二。螯龙虾和龙虾一个显著的区别是龙虾没有螯足,再就是螯龙虾的幼体和成体差异很小,也就是说孵化出的幼体很像成体,没有经过龙虾那种叶状幼体期。

213. 龙虾是怎样生活的?

龙虾步足的指节呈爪状,不善泳,习惯在海底爬行和穴居,通常栖息在温暖的海域,白天潜伏在岩礁缝隙里,夜晚出外觅食。每当秋季开始大规模迁移时,许多龙虾常首尾相接,摆成整齐的队列,浩浩荡荡地向前挺进。

龙虾的生活

中国龙虾平均怀卵量为 18 万多粒,最大怀卵量达 32 万多粒,最少的也在 10 万粒左右,怀卵量是与体长和体重成正比的。龙虾的生活过程与许多虾、蟹相似,要经过多次蜕皮。孵后第一年的小龙虾,要蜕皮 10 多次。随着年龄增大,蜕皮次数也逐渐减少。例如,0.5 千克重的龙虾,一年只蜕皮一次。3 千克~4 千克重的龙虾,可以几年不脱一次皮。凡蜕皮后的龙虾身体变软,是迅速长大增重的时机,每蜕皮 1 次,约长大 15%,增重约 50%。在生长旺盛的幼龄阶段,或饵料丰富、水温适宜的水域,龙虾蜕皮次数就相对频繁一些。

龙虾的产卵期通常在每年夏季,卵粒黏附于虾体尾部腹面,称抱卵;它的幼体长约11毫米,身体薄如树叶,称"叶状幼体",这样的体态利于漂浮在水的表层摄食生长,这样在海上漂浮半年之久,就随海流漂泊到远方了。幼体经3次~4次蜕皮,长成"少年"后,才逐渐结束漂浮生涯而进入海底定居,这时,它们的样子才初步像龙虾,习性也与双亲相似。

214. 龙虾为什么要排队旅行?

生活在加勒比海、巴哈马群岛及南佛罗里达半岛等地海域的北大西洋龙虾本来禀性孤独,平时不喜欢群居,白天各自躲在珊瑚礁的洞穴里,太阳落山后才纷纷出来觅食。可是一到秋天,这些惯于独来独往的龙虾却自动结成数以万计为一群的集体,到南方去旅行。

在旅途中,它们又十来个成一组,有时也多达60个以上,好像南飞的大雁一样,秩序井然地排成"一"字纵队。它们翘着尾巴,身子水平,各自以强有力的触角和第一对步足拉着前者的尾部,在离海底5厘米处向前挺进。参加集体旅行的都是成年的龙虾。领队并不固定,经常更换,几乎所有的成员都有资格充当领队。

龙虾之所以排队旅行,是因为这样能大大减少前进中水的阻力。据计算,列队比单个游动受到的阻力要小65%,这无疑会提高前进的速度。平时单个龙虾一昼夜只能游100米~300米,而如果排成"一"字纵队,则每小时就可行1千米。另外,实验证明,列队旅行还能减低能量的消耗,以保证龙虾顺利地抵达目的地。

科学家们认为,研究这一现象和龙虾列队旅行时的间距,对提高各种船队的前进速度、降低燃料消耗将有积极的意义。因为,龙虾行进中保持的间距能使其所受阻力降到最小程度。

龙虾旅行

215. 哪种虾在扮演海洋医生的角色?

海洋动物有时也会生病,生病就得治疗,治疗就得有医生。海洋里的医生实际就是一些清洁生物,其中就有这里要介绍的"清洁虾",这种虾一向以热心医疗保健工作而著称于海洋中。

世界上的热带清洁虾包括彼得松岩虾在内,已知的有5种,它们有着各自的服务对象。在巴哈马热带海域,有一种叫彼得松岩虾的清洁虾,透明的身上长着白色条纹和紫罗兰色斑点,它们常在鱼类聚集或经常来往的珊瑚中间找到适当的洞穴,办起"医疗站"。与彼得松岩虾一样喜欢开站设点、坐堂行医的还有猬虾和黄背猬虾。猬虾的工作场所是设在宽敞明亮的大洞穴,专门清洁大鱼;而黄背猬虾喜欢在狭小阴暗的洞里,只为小鱼们服务。

彼得松岩虾开始工作时,先在洞口舞动头前一对比身体长得多的触须,前后摇摆着身体,以招徕"病员"。当有鱼来求治时,它便殷勤地舞动起头前一对比身体长得多的触须,毫不犹豫地爬上鱼身,先诊断病情,接着用锐利的钳把鱼身上的寄生虫一个个拖出来,再清理其受害部分。为剔除鱼牙缝中食物的残渣,它还得钻进鱼的嘴巴里,在一颗颗锋利的牙齿之间穿来穿去。当检查到鳃盖附近时,鱼便依次张开两边的鳃盖,让它爬进去捕捉寄生虫。对于鱼身上的腐烂组织,清洁虾是决不留情的,严重时还要动"大手术"治疗。

与坐堂行医的清洁虾们不同,温带的加利福尼亚的鞭腕虾则四处流动,出门"行医",设的是流动诊所。它们成百上千个成员组成医疗队,浩浩荡荡地在海底奔波巡诊,遇到需要清洁治疗的鱼虾时,就主动上前治疗,来者不拒。由于它们色彩平淡,貌不惊人,有时很难引起其他生物注意,因此,一旦遇上需要治病的鱼虾,就会毛遂自荐,蜂拥而上。它们工作起来也热情细心,干练利落,堪称海中"良医"。

216. 清洁虾为什么志愿行医?

清洁虾的行为其实是生物界的一种互助现象,称之为"清洁共生"。鱼需要除去身上的寄生虫、霉菌和积垢,清洁虾则由此得到食物赖以生存,两者互利互惠,相辅相成。

除了清洁虾,海里还有一些清洁鱼类。这些清洁鱼已知的种类有50多种,数量很大。它们和清洁虾一样,为海洋生物的健康成长都作出了贡献。可以设想,如果把欢跃兴旺的鱼群附近的清洁鱼、清洁虾取走,很快鱼儿就会游走他乡,所以,许多出名的好渔场,也正是众多清洁虾设立大量"医疗站"的海区。研究海洋清洁生物,将使人类在保护海洋生物资源方面有新的作为。

217. 虾蛄担任的是什么"职业"?

杨柳吐翠、桃花锦簇的时节,也正是渤海湾的捕捞旺季。爬虾学名虾蛄,在优质鱼产量衰退的今日,它的资源却丰富起来,年年捕,年年生,年年都是爬虾的丰收年。

爬虾体躯半扁,头胸甲短、能曲折,它紧缩身体时状如叩头。爬虾有8对胸足,前5对为颚足,其中第二对特别强大,呈螳臂状。爬虾体长10厘米～15厘米,重50克～100克,体形大者重达150克。它的腰部有5对腹肢,除游泳外还有呼吸功能。尾肢与尾节形成强大的尾扇。爬虾平时栖息于浅海,在水深不超过30米的泥沙质海底和珊瑚礁中,喜欢爬行生活,白天潜伏穴居,夜里才出来活动。爬虾也是海洋生物中的清洁工。

在夏季,当滔滔的江河把大量动物尸体冲到海洋里时,爬虾便三五成群地忙碌起来,昼夜不停地清扫垃圾,遇到大型动物尸体时,它们还能集中力量突击一阵,抓紧在腐烂变质之前消灭干净,使海水保持清洁透明。

在水族这个大千世界里,爬虾虽算不上强者,可它并不示弱,一旦遇到敌害,立即会摆出应战的姿态。这时,它一面伸展开形似铡刀、刃如锯齿样的触角;一面又不停地跳跃卷曲身体,以吓唬对手;要是发现抵挡不住时,它便施展自切术,扔下几条无关紧要的步足以吸引对方的注意力,自己趁机溜之大吉了。

218. 虾中有没有真正的"伉俪"?

海洋中有一种小虾,经常一雌一雄生活在一起。它们个体纤弱细小,虽有一对大钳,但既没有进攻能力,也没有防御能力,它们的名字叫"伉俪"虾。"伉俪"虾就生活在海绵里面,这样既安全又能得到海水中的食物。

"伉俪"虾之所以能钻进海绵,在里面生活,是因为它们在幼体变态刚刚完成,当个体还很小时,可以通过海绵小孔轻松地进入海绵体内。可这一进去就出不来了,在里面成对相伴,安逸生活,养儿育女,直到寿终。这就是人们所戏称的虾中"伉俪",把它们栖居的海绵也戏称为"偕老同穴"。

219. 有趣的虾还有哪几种?

水母虾或称海蛰虾,它们与水母同栖共生,常成群隐藏在水母伞下受到保护。当虾发现情况时就往下游,水母也随之下沉,因此,水母虾充当着水母的眼睛,而水母则充当着水母虾的保护伞。

一般来说,虾类游泳是靠腹肢,许多糠虾的腹肢已退化,胸肢成为主要的游泳器官。雌性糠虾在胸肢基部之间有宽大的甲片构成的育儿囊,卵和幼体能受到很好的保护,因此,成活率很高。

磷虾类全部生活在海里,它们的身体一般是透明的,因其眼柄的腹面、胸部和腹部附肢的基部都有发光器,能发出磷光,故称之为磷虾。它们常大量成群地密集生活,常见的有太平洋磷虾。

磷虾

居住在深海底的蛸虾类,是海洋中的古老居民。蛸虾类中的多数品种早已灭绝,现存的只有多钳虾科,它们和龙虾类是同一个家族。由于它们长期生活在深海底部,身体背腹极其扁平,头胸甲呈长方形,步足均为钳状,尤以第一步足特别细长,与威武的龙虾相比,显得笨拙和原始得多。

1995年,法国学者佛莱斯特等人还发现了过去被认为早已灭绝的雕虾类——多刺新雕虾,也属于龙虾这个大家族,也是海洋中原始的居民之一。

220. 寄居蟹是"螃蟹"吗?

那些常躲在空海螺壳里的像海蟹一样的小动物就是寄居蟹。寄居蟹与虾、蟹同属甲壳类,可它的甲壳并不像普通蟹的甲壳那么坚硬,特别是它的腹部比较柔软,因此,它只好将身体的后半部钻进空螺壳里,用最后一对腹肢钩住海螺的空壳,以防身自卫。寄居蟹名为蟹,实际上它是一种虾。

寄居蟹有一只巨大的右螯挡在海螺壳门口,可以起到防卫作用,以抵御凶恶的敌害的攻击。它只有躲在合适的空螺壳中,才是比较安全的。如果一时找不到现成的空螺壳,寄居蟹便要动用武力来解决,先将螺壳内的肉撕出来吃掉,然后钻进去居住。寄居蟹虽躲在螺壳内,有大螯守在壳口,但有些凶猛的海洋动物依然是它的天敌,比如章鱼往往用它那十分有力的腕臂,破门而入,把寄居蟹拖出来饱餐一顿。

寄居蟹被称为海底"游客",只要螺壳适合它的身体大小,便钻进去作为它的客店。不过,它并不固定住在一个螺壳之中,每当它蜕一次壳时,身体便会长大了一些,于是原来的客店容不下了,它便到处寻找新的住所。当它发现一个螺壳时,首先观察里面是否有别的动物居住,如若是空的壳,而且适合自己的身体大小,它便很快钻进去寄居其中。因此,寄居蟹每蜕壳一次,就搬一次家,自然有了新家,它便忘了旧家,旧家再由小字辈们寄居。

221. 为什么说海葵是寄居蟹的保护伞?

为安全起见,寄居蟹也往往找到腔肠动物海葵来做它的卫兵。海葵与寄居蟹共生在一起,不离不弃,寄居蟹在调换新居时,绝不会忘记将海葵从旧壳上搬下来,再把它安装到新居的螺壳上去。海葵寄生在寄居蟹背着的螺壳上,使凶恶的敌害不敢来侵犯,也就使寄居蟹受到了保护。

在大海中艳丽如花的海葵,满身长着刺细胞,分泌出非常厉害的毒汁,但这种毒汁对寄居蟹毫无损害,原来是在寄居蟹的血液中有一种抗毒物质。海葵的美丽触手犹如迷人的陷阱,能把海中的小动物吸引过来。当小鱼游近海葵碰到它的触手时,海葵便立即闭合,使小鱼无法逃脱,触手上的刺细胞随即分泌出毒液将小鱼麻醉,海葵趁机将小鱼吞下,然后在体腔内分泌出一种消化液,把小鱼消化掉。海葵虽是动物却不善运动,落户于寄居蟹的螺壳上,由寄居蟹驮着漂游四海,以扩大食物的来源。

222. 哪种寄居蟹最大?

椰子蟹是一种奇特有趣的海洋动物,是生长在热带太平洋和印度洋许多珊瑚岛上的一类与众不同的寄居蟹。由于它鳃腔内壁长着多丛血管,可以帮助呼吸,所以它能长期栖息在珊瑚岛上,但它并不经常生活在海洋里,只是到了繁殖季节才回到海洋里产卵。它生下来的幼体在海洋中生长发育成熟后便又爬上岸来生活。在寄居蟹的家族中,椰子蟹个头最大,体长可达30厘米左右,重量可达3千克,它的巨螯能轻易地钳断人的手指。

寄居蟹实际上属歪尾类,特别适应住在死掉的海螺壳里,它们身体前部分有硬足,尾部柔软而旋向中心,通常朝右旋,以适应螺的螺旋腔室,腹部已几乎失去所有游泳足及尾等附肢,但在尾端保持一对钩形的足,以便藏身于空壳内。寄居蟹除了寄居在海产螺壳里之外,还有别的"宿舍",如竹节、碎椰子壳、珊瑚、海绵甚至木筒等等。

椰子蟹与众不同,身体不呈螺旋形,也不住在螺壳里。它自己动手,在沙土或树根等地方寻找或挖掘洞穴,所以个子长得大而结实。它除捕食的蟹钳一大一小外,身体还是对称的。

椰子蟹怕强光,因而白天都蹲在洞穴里休息,夜间才外出游览和觅食。顾名思义,椰子蟹会吃椰子,它能轻而易举地爬上高树剪下椰子,并凿开壳而吃椰子肉。但椰子肉不是它唯一的食物,它的食性很杂,几乎各种有机物它都能吃,当它在饥饿的时候,不论是植物的果实、叶子,还是腐败的动物尸体,甚至连小于自己的同类,它都吃,真是"贪食无厌",所以得了个"强盗蟹"的别号。

椰子蟹肉味鲜美,腹部脂肪多,营养丰富,尤其是它的8只足,味道像龙虾的尾巴一样,又独具椰香味。因此,椰子蟹除被生物学家作研究对象外,近年来更登上了大雅之堂,成为名贵海鲜佳肴而受到人们的青睐。

223. 奇形怪状的螃蟹分几大类?

最大的蟹是生活在日本外海的日本高脚蟹,又叫大蜘蛛蟹。它的甲壳只有30厘米～35厘米,但大螯长1.5米,两螯张开来有3米多。最重的蟹产于澳大利亚巴斯海峡,重13.5千克。最小的蟹是生活在日本相模湾的豆蟹,其甲壳长3.8毫米～4.2毫米,只有一粒米那么大。

螃蟹的种类十分繁多,我国已发现的种类就不下800种。江、河、湖、海,乃至山涧、沟渠均可见到它们的踪迹。不同的蟹类形态不同,生活各异。人们通常是模仿鸟类中猛禽、涉禽、游禽、攀禽等生态分类法,把螃蟹分成5个大类,包括走蟹、游泳蟹、穴居蟹、隐蔽蟹及共生蟹。螃蟹的行为是十分复杂的,不同类群的区分仅是相对而言,没有绝对的界限。

224. 螃蟹生活习性如何？

螃蟹是甲壳纲的重要成员,它们虽然种类繁多,但都是8条腿的横行将军,有的个头很大,甲长22厘米,宽25厘米,第三对步足展开的宽度可达1.5米。蟹的第一对步足就像两把大钳子,既是它的捕食工具,又是御敌武器。蟹类善于游泳,它们体后的两对步足呈浆状。

对于海蟹而言,它们主要生活在浅海潮间带中,当小鱼或其他动物游过身旁时,它就用强大的螯足突然将其捉住,捕而食之,有时也吃一些海藻的嫩芽。海蟹一般雄大于雌,当雌蟹的生殖腺充满时,体肉肥厚,生殖腺味道极美,称作蟹黄。雄蟹腹部呈锐三角形,雌蟹腹部略呈圆三角形,所以很容易鉴别。雌蟹到了排卵期,"蟹黄"就从体内"移植"到体外中的圆三角形的内侧,受精后,开始将"籽"排入海水,从中又繁育出无数只蟹仔来。在海滨,螃蟹还扮演着一个重要的角色：它们喜欢摄食潮间带小动物的陈尸腐肉,因而还是海滨的"清洁工"呢。

225. 螃蟹如何防身？

在世界6000多种螃蟹中,除了毛蟹、梭子蟹、巨螯蟹等体型较大的螃蟹外,弱小的螃蟹为数众多,它们时刻都处于被捕食的危险境地。那么,它们在险境中是怎样防身的呢？

大螯是螃蟹身上的有力武器,既用来捕捉猎物,又可以挖穴藏身,大敌当前时是强有力的盾牌,即使对手强大,大螯至少也可以起到一定的威慑作用。

螃蟹长有非常特殊的眼睛——柄眼,它的眼睛是长在柄上的,柄的基础部分有活动关节,长形的柄既可以竖起,又可以倒下。当柄竖起时,可以眼观六路;而倒下时,可以藏在眼窝中。有些沙

防御中的螃蟹

蟹会把整个身体埋入泥沙中,仅露出眼睛来观察周围的情况,这也是螃蟹防身的一种手段。

有些个头小的螃蟹,在遇到敌害时没有战斗力,就采取逃跑的战略。螃蟹逃跑的姿势有多种多样,不仅可以横走,也可以直行,情况紧急时,沙蟹能以每小时7千米的速度迂回逃跑,这一速度比人走路还要快!

螃蟹也会利用其他有毒的动物作掩护。由于一些腔肠动物本身带毒,鱼见到它们总是退避三舍,寄居蟹就利用这一点,用步足夹着能放射毒刺的海葵到处游走。斑蟹则更聪明,干脆躲进海胆的长刺中,往往能化险为夷。

226. 走蟹有哪些特征?

走蟹是蟹类中的望族,它又可分成步行蟹、奔跑蟹和攀爬蟹3个类型。步行蟹中大多数是扇蟹,黄道蟹占少数。它们具有厚重的外壳、粗壮的蟹足。这类螃蟹由于

行动缓慢,难以猎取快速运动的猎物。然而,它们的大螯却适合处理贝类等厚壳猎物,也可挖掘蠕虫、摄取植物等。奔跑蟹中最出名的当数沙蟹。它们生活在沙滩上,奔跑的速度可达每秒5米;它们常翻食被海浪冲到海滩上垃圾堆中的动物,甚至还去追捕苍蝇。

还有一类螃蟹,如蜘蛛蟹、梯形蟹等,主要在垂直面上步行、奔跑,人们称它们为攀蟹。它们中的蜘蛛蟹大多个体小、体重分散,十分适合在柔软的海藻上攀爬。

有趣的是,其中有些种类的步足已特化成钩状,当它钩挂在海藻枝上时,风急浪大也奈何它不得。梯形蟹步足的钩挂能力更强,当它们抓住珊瑚枝时,甚至拉断了珊瑚枝也不能把螃蟹拽下来,因此可抵制章鱼等强敌的袭击。

227. 为什么说梭子蟹是游泳健将?

在地球上生存的275种蟹类中,许多种类都有一定的游泳能力,但真正能称得上游泳健将的只有梭子蟹。梭子蟹壳薄、腿长、眼大,有一粗壮的大螯。它们都在海洋中生活,常在白天钻入沙中,只露出两只眼睛在外面

梭子蟹——游泳健将

四处搜寻。许多种梭子蟹的壳上有尖锐的突起刺,人们用一般的捉蟹方法很难捉住它们。

海洋生物

梭子蟹头胸甲前缘左右两侧各有9颗锯齿,最后一颗齿又大又长,横向侧方,使头胸甲中部宽大,两侧尖细,形似织布用的梭子,因此而得名。这类蟹有5对步足,第一对大而坚硬,称螯足;第五对步足平扁如桨,称游泳足;再配上梭状身体,使它们可以在水中快速游泳、捕食和避敌,有时甚至能捕到鱼类这样快速运动的动物。与许多种在海底及海滨线爬行的蟹不同,梭子蟹有较强的游泳能力,可在水中作长途迁徙,被列为底栖游泳动物。

仔细观察,你会发现,红星梭子蟹头胸甲上有3个血红色卵圆形斑;远海梭子蟹头胸甲上有较粗的颗粒及明显的花白云纹;而三疣梭子蟹头胸甲上的颗粒细小,无花白云纹,有3个疣状突起,故名三疣梭子蟹。三疣梭子蟹约占梭子蟹总产量的90%,它们才是梭子蟹的主力军,广泛分布在我国浙江、山东、福建沿海。

梭子蟹生长栖息在近岸浅海,水深10米～50米的海区,以10米～30米水深的泥沙底质海区最为密集。白天光强时梭子蟹常潜伏在海底,夜间才游到水层觅食。奇怪的是在食物匮缺的情况下,母梭子蟹竟能用螯足从自己腹部取卵充饥。

228. 为什么说梭子蟹是脱壳专家?

梭子蟹冬季栖息在较深的海底冬眠,每年11月至翌年2月,雌蟹最胖,性腺发达,橘红色的卵巢已扩展到胸部两侧。春夏之交是梭子蟹的繁殖季节,雌蟹产卵量与个体大小成正比,一般有5万～10万粒,卵是附着在雌蟹腹肢上,经孵化后变成幼蟹。从幼蟹到成蟹要经过多次蜕壳,每蜕一次壳,体重增加一次,而且只在身体长到特别丰满时才会脱壳。

十分有趣的是,梭子蟹还是一个脱壳专家呢。春季孵化出的幼蟹生长速度很快,幼蟹每脱一次壳,甲长和甲宽可增加30%,到中秋节前后,蟹便可长成较大的肥蟹,俗谓"秋风起蟹儿肥",也就是捕获的最好季节了。当脱壳8次~10次,体重150克左右时达到性成熟,便进行交尾活动。它们每次脱壳需15分钟~30分钟,这时,敌害生物往往会乘虚而入,侵食个体,体弱多病的个体也会在脱壳中自我淘汰,每脱一次壳都是一次生死搏斗。

229. 什么蟹会挖洞?

穴居蟹是螃蟹中的又一个大户,主要有两种类型:一种只是临时挖个坑,把自己埋进去,作为临时的庇护所,人们把这些螃蟹称为埋栖蟹类,如蛙蟹、黎明蟹、馒头蟹等。有些埋栖蟹(如蛙蟹、黎明蟹等),它们的步足变得十分扁平,酷似铲子,适于挖掘沙子,黎明蟹的挖掘足还可以用于游泳。

埋栖蟹类通常出现在沙质水底,它通过身体后倾、步足下挖使自己下沉,直到只露出触角和眼睛在外面打探为止。埋栖蟹对埋栖生活的适应主要在呼吸方法上,如馒头蟹埋栖时,只有眼睛和前额缘露在地表,它们的螯上有高耸的隆脊齿,齿间具毛刺,它们靠卷曲的大螯围住鳃盖,起到保护呼吸水流畅通的作用。

另一种穴居蟹能建造真正的洞穴,可供隐蔽几天或几星期,我们称之为洞栖蟹。洞栖蟹大多都生活在滩涂,身体纵切面呈圆形,当蟹足卷曲时,整个身体呈一圆柱体,这种体形易于进出它们的洞穴。大多数蟹类如招潮蟹、沙蟹、长脚蟹等均属于这一类。洞栖蟹以洞穴作为掩蔽所,一旦遇到危险,即可随时躲入洞内。它们挖洞的深度和形状各具特色:招潮蟹的洞深可达 30 厘米~40 厘米,洞穴多为单一的垂直洞;沙蟹入洞通道可成螺旋形,并在顶部有一分支洞;长脚蟹的洞常呈 U 形。

230. 共生蟹与谁结伴生活?

有些螃蟹常常喜欢与其他动物共生、共栖或寄生于其他动物体内。人们最常见到螃蟹与腔肠动物共生或共栖,比如关公蟹的背负物中就常有美丽的海葵。

螃蟹与海葵的共生可是两厢情愿的。每当螃蟹用螯触动和颤动刺激海葵时,海葵辨认出螃蟹的刺激后,就主动从它所附着的底质上松脱,然后由螃蟹举到背上附着。螃蟹由此可得到海葵的保护,而海葵则大大增加了活动范围,从而取得了充足的食物。在太平洋珊瑚礁中生活的花纹细螯蟹与海葵还有一种特殊的合作方式,这种螃蟹用螯足夹住一个海葵,每当遇敌时,它们就把海葵举到敌人面前,用海葵的毒棘来对付敌人。

最特别的共生蟹类当数珊隐蟹了,其雌蟹生活在年幼的珊瑚枝轴上。它们的活动影响了珊瑚的生长,使珊瑚枝包住螃蟹形成袋状虫瘿,只留下一列小孔,用作呼吸流通道。

体宽仅 10 毫米左右的五脚海胆蟹,则常与毒刺海胆共栖,采集这种小蟹时,稍不留神,就可能被毒刺海胆蜇伤。若是其他动物想要伤害住在毒刺海胆中的小蟹,也会被蜇,这正是五脚海胆蟹防身的奥秘。至于具有游泳器官的紫斑光背蟹为什么常常要躲在大海参的触手间,过着依附他物的共栖生活,而放弃活动的自由,至今还是一个谜。

实际上,真正过着寄生生活的,大概要数豆蟹类了。它们永久地栖息在双壳类的外套腔中或多毛类管中或混入虾的洞内,偷食宿主的食物。由于它们只需要很少的武装和运动,所以它们一般壳薄、腿短。但它们在离家交配时及最初侵入宿主阶段曾有过硬壳。

231. 梯形蟹是怎样安居的?

大部分的海蟹是自由自在地生活的,只有那些个体小、猎食能力弱的小蟹,需要依附于某些无脊椎动物过着共栖生活。

最著名的共生蟹就是生活在珊瑚枝上的梯形蟹。它们体色鲜亮,成对地居住在珊瑚丛中。它们对这种生活的适应,主要是在步足的末端发展出抓握机制。在西沙群岛,这类小蟹总是和珊瑚虫一起生活,互助互利,各得其所,珊瑚能为梯形蟹提供良好的隐蔽栖息地,梯形蟹能以藻类为食,可为珊瑚虫除去有害的藻类。一旦珊瑚虫死去,梯形蟹便迁居到另一个宿处栖息了。

它们与珊瑚的共栖还有一定的选择性,如毛掌梯形蟹与杯形珊瑚共栖,光掌梯形蟹与石蚕珊瑚共栖,网纹梯形蟹、红点梯形蟹、灿烂梯形蟹等也各与不同类型的珊瑚结为共同生活的伙伴。梯形蟹的肢节及颚足上有浓密的

海洋生物

刷状刚毛,可用它紧紧地抓住宿主。在它过滤食物时,还用来消除口器上的污物,就好像人们天天用牙刷刷牙一样。

232. 海蟹是怎样造穴的?

海滩上生活的穴居动物中,蟹占绝大多数,它们的洞穴及其化石在分类学、生态学、古生物学以及在地学研究上还有一定意义。

每当退潮时,穴居蟹就会紧张而愉快地修筑洞穴,疏通跑道,以便在滩面附近觅食。它们的洞穴大小不一,形状各异,洞口数量也不尽一致。有的洞穴与滩面垂直,有的先与滩面垂直再拐90度的弯。有一种蟹在造穴时,刨出米粒大小的圆球状砂粒,均匀地散布在洞口四周,这种蟹被叫作"圆球鼓窗蟹"。这种蟹只造一个洞口,而且洞口与滩涂面保持垂直状态。

这类蟹各自造的洞穴,数目多少是不一样的,有的只造一个,有的则要造两个,真可谓"狡兔三窟"。只有一个洞口的蟹类多半是一些小蟹,它们仅在洞口周围附近觅食就足矣,一有风吹草动,可及时钻入洞内避难。个体大的蟹类饭量也大,若只在洞口觅食是填不饱肚子的,需要长距离地觅食活动,危险性大,它们只好不辞劳苦,要造两个或更多的洞穴,以利觅食和躲避风险。

233. 厚蟹的洞穴妙在何处?

厚蟹也是穴居蟹的一种,它的洞穴有两个口,洞穴底部串联着。它们造穴时,刨出很多形状不规则的泥块,呈扇形面散布在洞口外面。奇妙的是,厚蟹在造穴过程中充分利用搬出的泥块,在洞口堆筑起形状像碉堡一样的矮墙,并在一侧留一个缺口,立为"家门",出入方便。

原来,海水随潮落去之后,滩涂表面凸凹不平处仍留下积水,若洞穴位于凹处,风一吹就会把海水带进洞内,给它们在退潮后修筑洞穴的活动带来麻烦,为此它们采用泥沙筑堵矮墙,恰好能挡住海水的侵袭。

为了生存,在长期与自然界的应对中,厚蟹练就了识别风向的本领,它们会在每年冬季西北风多时,把门设在南侧,若是春、秋季节,南风、西南风多时,它们则把门开设在北侧。可见,聪明的厚蟹在这道矮墙上建造的"家门"的朝向也是有一定科学性的。

234. 隐居蟹身藏何处?

有一种奇特的袋腹珊隐居蟹,居住在珊瑚的礁囊内,必须敲开珊瑚才能找到它们。这种蟹全身柔软,表面光滑,呈黄褐色或淡黄色。雌蟹产卵期之前,腹部胀大呈圆形,里面充满了卵粒;在受精后便分泌出一种化学物质侵蚀珊瑚骨骼,形成礁囊,把雌蟹终生包在囊内。这种礁囊没有向外的通道,孵化出来的幼体只能从未关闭的小孔中游逸出来。

棱边蟹,它们隐居在贝类器官内活动,主要以贝类分泌物及藻类为食。在很多时候,它们分食宿主食物流中的浮游植物,会影响贝类正常的生长和发育,因而它又是养殖业中的一害。

235. 隐蔽蟹有哪些拟态法术?

除少数蟹类具有鲜亮的颜色外,大多数蟹都与背景色相近。有些种类的体色还可以随环境的改变而变化，还有些种类身上的各种色斑，可以起到伪装的作用。如扇蟹中的毛刺蟹、毛壳蟹等，它们的头胸甲和步足上有大量的刚毛，使它们形似泥团；爱洁蟹、花瓣蟹等体表光滑或具刻纹，极像可爱的小鹅卵石，这种拟态本领十分适于它们在海底缓慢的爬行生活。

蟹类的这种拟态法术是不胜枚举的。不过，真正的伪装大师，大概还是要数蜘蛛蟹了。蜘蛛蟹身体上常常长有不少刺毛，它们把身边的固着生物挂到刺上或毛上，让这些生物长期在蟹壳上定居，以达到伪装的目的。除此之外，它还可以选择不同的伪装物以便达到最佳隐蔽效果。脱壳后的螃蟹还会重新在自己身上"种植"伪装物，它们在浅水中主要选择藻类作伪装物；在较深水体中生活时，它们选择的伪装物有海绵、水螅、苔藓和藤壶等。还有一些蟹类如绵蟹、关公蟹、人面蟹等，它们已完全适应伪装生活，最后两对步足已经发育成勾挂"装置"，专门用来背负用作伪装的海绵或贝壳。

236．招潮蟹有什么高超的生存本领？

在我国沿海的沙滩上，有一种小海蟹，它的两只大螯中有一只特别粗壮，而且呈火红色，当潮水退下以后，总是爬出洞穴面向大海，将大螯不断地挥动，好像是在召唤潮水的到来，为此，人们给它取名为招潮蟹。招潮蟹属于甲壳类动物，国外也有人称它为"提琴蟹"，因为它那只大螯很像一把小提琴。由于它在潮间带活动，因此，它的生活与潮汐密切相关。

通常,招潮蟹在落潮期间出来活动,四处觅食。招潮蟹是以海泥中的有机物为食的,它们把这些东西放入口中,再加以冲洗将可吃的物质分离出来。在潮水涨起刚要没过它们的时候,它们便各自钻进洞穴,用泥沙、土块、石头封住洞口。这样,洞口被水淹没了之后,它们也能呼吸,躲进洞里安稳地栖息起来。

招潮蟹的本领

招潮蟹目光敏锐,眼睛长在长柄顶端,能俯视平坦的沙地及浅水。一旦有危险,它们就把眼柄横折入壳前端的凹槽中,迅速逃入洞穴。雄蟹有两个一大一小的螯。大螯色彩鲜明,仅用以威胁其他雄蟹并吸引雌蟹。另一个螯很小,用以进食,万一失去大螯,小螯便长成大螯,而另长出一个新的小螯来。

雄蟹是防守洞四周地盘的主力,常常与胆敢来犯之敌作战。招潮蟹的旗语信号很发达,如它们可用螯对雄性伙伴宣布它对洞穴周围领土的占有,还可用螯来召唤雌性同伴。人们经过细心的研究已辨认出 18 种旗语信号所表达的具体内容了。

237. 招潮蟹为什么能准确地掌握时间？

令人吃惊的是,不论招潮蟹正在从事什么活动,它都会在潮水到来之前 10 分钟停止活动,迅速返回老巢,安全地躲进自己的洞穴。招潮蟹从夜晚到白昼会神秘地改变自己的体色:白天变深,晚上变浅,天一亮又变深。正如潮汐涨落的时间每天都往后推迟 50 分钟一样,招潮蟹的体色变得最深的时间每天也往后推迟相同的时间。

科学家曾经做过有趣的实验:它们把从海边捉来的招潮蟹放在漆黑的实验室里,远离海岸,根本无法看到潮汐和昼夜的变化。可是,几个星期过后,招潮蟹体色最暗的时间依然往后推迟 50 分钟。但要揭开这谜底,还需要我们科学家共同努力啊!

238. 招潮蟹的生物钟可以调整吗？

不同地方的招潮蟹,改变自己体色的时间也不一样。生活在美国大西洋沿岸马撒葡萄园岛上的招潮蟹,改变自己体色的时间要比科德角海滩上的招潮蟹晚 4 个小时,这是因为招潮蟹具有测量时间的本领,它的生物钟是按照所在地的时间表调整的。

海洋生物的生物钟是海洋生物在长期的海洋生活中,适应了海洋环境的结果。更有趣的是,通过一定的训练,人们可以控制并重拨它们的生物钟。例如,哥斯达黎加的沿海每天只有一次潮汐,生活在这里的招潮蟹,其生物钟也只有一次潮汐节律。如果把它们送到巴西海岸边,在那里过上一段时间后,它们就会适应当地两次潮汐的节律了。

遗憾的是,在科学技术高度发展的今天,人们还不能制造出像招潮蟹那样既能与太阳,又能与月亮运动完全一致的时钟。因此,人们不能不为这奇妙的生物钟所吸引,并以极大的热情去研究它,从中汲取丰富的科学"营养"。

239. 绿海蟹的生活有什么规律?

其实,不仅是招潮蟹,其他许多动物也都具有这种神奇的计时本领。比如绿海蟹就是其中之一,它的生活规律也是很有趣的。它似乎正好与招潮蟹的活动规律相反,白天躲在岩石底下或洞穴中,夜间出来觅食。但在白天涨潮期间,它也会出来在海水中捕食。这是为什么呢?原来,这是因为在潮水的掩护下,它们不易受到天敌——海鸥的袭击。

科学家们为了摸清绿海蟹的生物钟的特点,也把它移居到实验室里进行观察,结果发现:一到涨潮时间,它就变得非常活跃,尽管这里远离大海,根本看不到潮汐的景象。绿海蟹的这种潮汐节律在实验室中保持的时间长达1个月之久,而在陆生蟹的身上,人们是根本看不到这种现象的。

240. 螃蟹在海洋里怎样横行霸道?

在实际生活中,群体生活的螃蟹倾向于互相竞争。当两只螃蟹爬拢到一定距离时,一方或双方就会停止运动。如果继续动作,就会引起一场"遭遇战"。不同的螃蟹允许伙伴靠近的距离是不相同的。

一般来说,这是由螃蟹的活动节律、生活中的经验以及对方所给刺激的强弱所决定的。在休息期,螃蟹的脾气较好,允许伙伴靠得近些;而在活动期,螃蟹的"脾气"较坏,当对方靠近时显得更为敏感。居住条件拥挤的螃蟹习惯于让对方靠得近些,而住得比较宽松的螃蟹就不允许对方靠得太近。

横行霸道的螃蟹

不同螃蟹斗殴的方式各不相同。有的用螯足相推挤,有的用螯扭夹,还有的用螯尖敲击。它们就是通过这种争斗、较量取得各自的"社会地位"的。"社会地位"高的螃蟹,走路时通常踮起足尖,抬起身子,张着大螯,趾高气扬,一副不可一世的姿态;而级别低的螃蟹行动时,往往尽力收拢螯足,匍匐前进,一旦遇到进攻,立即主动退却。

241. 馒头蟹美在哪里?

人们常常喜欢将一些造型优美、色彩鲜艳的海洋动物标本摆放在房间里,作为装饰观赏物。例如,美丽的海螺、奇特的贝壳、威武的龙虾等,都是备受人们青睐的珍品。螃蟹家族中有一种艳红椭圆形的馒头蟹,也叫"面包蟹",属珍稀蟹类,同样颇具观赏价值。

馒头蟹,顾名思义,长相像馒头,呈椭圆形,体长10厘米～15厘米,宽6厘米～10厘米,背部油光发亮并带有许多淡红色斑点,它的8条步足全都龟缩在甲壳内,一对扁平的大螯足紧紧掩住嘴脸,并与体壳嵌合在一起。出奇的是它的一对竖起的小眼睛,几乎长在甲壳中央,犹如馒头上插的两颗红枣。馒头蟹光滑滚圆,色泽淡雅,制成标本观赏别具一格,令人耳目一新。

242. 馒头蟹是怎样变成卵石模样的?

馒头蟹生活在热带、亚热带布满沙砾的海底,如我国著名的大沙鱼场,那里沙砾散布,有五颜六色的鹅卵石。在漫长的生存竞争中,它们的身体变得跟海底石块一样,以便保护自己,躲避敌害。随着年龄的增长,甲壳上的斑点会越来越多,不仔细看真像是一块粘满沙粒的卵石。这样,它们就可以无忧无虑地生活了。

但是,在海底世界里,馒头蟹仍是有天敌的。因为章鱼就特别喜欢攀缠石块,它们总是利用石块为掩体来攻击猎物。这样,伪装成卵石块的馒头蟹便免不了会落入章鱼的魔爪,这时它们会丢掉一只侧肢,迅速逃跑。为了逃避厄运,馒头蟹也常利用地形地物避开对手。平时,它们在晚间东奔西走,不停地捕食,但一到白天,它们便成群结队地爬上海底沙丘俯身不动了。这时,若有章鱼凑过来,它便会顺斜坡滚动,在一片飞沙走石之中立即消失得无影无踪。

243. 珊瑚枝杈间藏有哪些美丽的小蟹?

我国的西沙群岛是一群珊瑚礁组成的岛屿,水下岸边处处珊瑚林立,礁盘错落。在那盘根错节的珊瑚枝杈之间,大大小小的礁石缝隙里,活跃着一群扇蟹科的小蟹,个个生得小巧玲珑,体色斑斓。

由于它们的种类不同,都各有动人之处:光滑而美丽的花瓣蟹,头胸甲装饰着花瓣形的边缘,仿佛依傍着鲜花而生。轻快叶绿蟹的头胸甲呈红色,螯足兼有绿色的环纹,红绿两色对比十分强烈,调配得又那么明丽和谐。最逗人的是一种行动迟缓笨拙的隆背瓢蟹,它像个舀水的葫芦瓢,体背隆起光滑,常有棕色花纹,当它伏在地上静卧时,像一颗光洁可爱的鹅卵石,因而又有"卵石蟹"之称。

人们在欣赏与赞美之余,请千万记住,在有些体表华美的蟹体内还含有毒素,中小型的颗粒扁足蟹和花纹爱洁蟹均属有毒之列。它们表面平滑隆起,背部为棕褐色,间有黄色斑纹,这些小蟹的毒素多集中在附肢的甲壳和肌肉中,人们误食后会出现四肢麻木、昏迷等症状,严重的可能会导致死亡。

244. 珊瑚礁盘里有哪些奇形怪状的蟹类?

在珊瑚礁盘的浅水里,还生活着活泼好动的梭子蟹,常见的种类有光滑的钝额蟹、钝刺短桨蟹、天蓝短桨蟹等。它们身体扁平,最后一对步足已变成桨状,善于游泳,它们大都可食。钝刺短桨蟹长得仪表堂堂,灰绿色的身体配着粉红色的螯,肢端褐白两色分明,性情活跃好斗,遇敌受惊时将两螯高高举起,摆出一副准备格斗的架势。但因个体较小,食用价值不大。

礁盘的缝隙和岸边的沙滩是方蟹科和沙蟹科蟹类活动的天地,这些蟹类头胸甲多呈方形或长方形,体色单调,行动敏捷,较大的种类可食。方蟹和沙蟹科类也不少,其中细纹方蟹和角眼沙蟹数量较多。它们的体色与栖息环境协调一致,特别是角眼沙蟹,与海滩沙色接近,不易被发现。它们十分机警,感觉稍有异常,便迅速躲进洞穴里,从而得以安然生存。

在礁盘深水处和珊瑚礁以外的潮下带20米～100米深的海底,常常有许许多多奇形怪状的蟹类频繁出没。蛙形蟹是较原始的种类,它的样子还不太像个典型的螃蟹,体呈蛙形,长可达100毫米以上,宽80毫米,有的重达1.0千克～1.5千克,它的体表为鲜艳的橘红色,步足的指节像个扁平的铲子,除用于游泳外,还可掘沙,它常常使身体埋入沙中,而眼睛和触角露出沙外窥视周围环境。

还有一种肝叶馒头蟹,它的体背高高隆起,看起来就好像一个馒头或提包,头胸甲的后侧缘向两侧突出,呈叶片状,看起来好似披着一个斗篷。平时,它喜欢伏居沙砾中,将额部露在外面,伺机捕捉靠近的小动物。

还有一种粗糙蟹是体型极不匀称的蟹类,它的外壳又厚又粗糙,步足很细小,难以支撑身体,行动十分笨拙。绵蟹看上去也十分有趣,它的体表密生着绒毛,末两对步足已退化,置于背上,常用海绵来掩护自己。

245. 蜘蛛蟹有什么特殊本领？

蜘蛛蟹通常动作缓慢，身体又圆又厚，脚细长。它们的身体表面覆有毛、刺和其他突出物，又附生着若干海藻、海绵、海葵等小生物。有些蜘蛛蟹要吐出黏液，才能把这些小动物、植物黏在自己身上。这些东西附着在蟹身上，遮蔽了蟹的本来面目，成为有效的伪装和保护。有一种蜘蛛蟹，貌似蜘蛛，身上常附生着各种海藻、海绵和从水中沉淀下来的杂质，从外表难以看出它是蟹类。

蜘蛛蟹

在欧洲沿岸有一种蜘蛛蟹,喜欢群居生活,有着明显的互助行为,夏天可以在浅海沙底上形成几十个甚至上千个螃蟹组成的蟹堆,主要由青春期和成年期的大蟹组成。成熟的雄蟹出现在蟹堆顶部和四周,而比较小的个体往往在蟹堆内部,这种排列可以保护幼小个体以及正在堆内脱壳的个体免被章鱼、螯虾等敌害捕食。

246. 红蟹的千军万马是怎样云集的?

在那浩瀚的印度洋东部的澳大利亚海区,有一座远海孤岛——圣诞岛,200米高的断崖在它的周围环绕。该岛很早就以丰富的海鸟和磷矿资源驰名世界了,但近年来又因数以亿计的红蟹栖息于岛上而名声大噪。实际上,在印度洋及西太平洋中的许多海岛上都生活着多种蟹类,然而,只有红蟹是圣诞岛上独有的蟹类。至于为什么红蟹只选择在圣诞岛上生活?这是人们至今还没有揭开的谜。

红蟹通常是在岛上地势高的热带雨林中安营扎寨,但是在每年南半球的晚春季节,就到了它们的繁殖期,于是它们便争先恐后地向海边进军,红蟹数量瞬间会急速膨胀,铺天盖地。这时的马路就变成一片红色,形成了一支庞大的螃蟹迁徙队伍,总量有上亿只之多,景色颇为壮观。

待到大潮之夜,雌蟹在潮水临近时,带着就要孵化出的蟹卵聚集在海岸上、沙滩上、岩石上等待孵化。而刚孵化出的幼蟹一登上陆地,便开始成群结队向热带雨林艰难地爬行,开始了它们新生命的艰难旅程。

247. 海里真有吃人蟹吗？

海蟹能吃人，听起来不禁令人毛骨悚然。在日本东南沿海的海洋中，有一种尖头蜘蛛蟹，这种蟹长成后体型巨大，体宽一般有 30 厘米多，当它伸开锋利的蟹爪时，足有 3 米多长，最大的可达 3.7 米。这种蟹通常生活在 3600 米的深海海底，靠捕食鱼类为生。你别看它身躯庞大，动作却十分灵敏。在它眼前游过的小鱼，几乎没有一条能幸存。每到繁殖期，它们便爬到浅水区产卵，这时，它们就会趁机袭击人类。它们会悄无声息地潜伏在海面上，只露出两只潜望镜式的眼睛，寻找攻击对象。同时，它们利用体内的传感器，会感受到海面上运动物体的震动。当它发现捕鱼小船时，会先静悄悄地靠近小船，然后猛冲过去，用 8 只锐利的爪狠狠地缠住人的身体，然后再用两只又大又坚硬的螯钳进行攻击，会把缠住的人夹得遍体鳞伤，筋疲力尽，这时，它们就会张牙舞爪地把人吃掉。

由于这种杀人蟹在历史上已多次伤人，因此，日本东南沿海的渔民对它深恶痛绝。但是，至今还没有找到行之有效的办法来对付它。

248. 藤壶是什么动物？

藤壶身体外围有坚硬的壳板，中间留有一个小口，形状好似一座座小火山，它们固着在岩石、船体及海上其他人工设施上生活，甚至还在贝壳、鲸、海蟹的甲壳上安家，靠过滤海水中的有机物生存。令人难以相信的是，它们竟和虾、蟹同属于甲壳动物，因为虽然它们的外形和虾、蟹不大一样，但它们从出生到幼体阶段是大致相同的。

因为藤壶类是固着生活，所以不需要自由生活方式所需要的许多器官，因而它们没有眼睛、触角和行走用的足。当它们遇到敌害时无法逃避，所以具有硬而厚的壳来护身。藤壶为了取食，用枝蔓状的足作一系列有节奏的动作扫拨海水，觅取微粒食物。它们的幼虫能自由游泳，成为较大动物的重要食物。

249. 你知道藤壶在军事上曾有过的影响吗？

那是在1905年著名的对马海战中，日本海军出乎意料地击败了当时号称天下无敌的俄国波罗的海舰队。经各国军事家分析，俄国舰队失败的主要原因之一是军舰的航速没有能达到预期的速度。而罪魁祸首却是附着在船底的固着动物——藤壶在捣鬼。由于俄国舰队从波罗的海到日本海，经过了长达1年之久的航行，在航行过程中，船底长满了大量的藤壶等附着生物，这样，就增加了船体的重量和阻力，因而使得船速减慢了。显然，藤壶就是迫使航速降低、导致俄军在对马海战中惨遭失败的罪魁祸首。

藤壶的种类很多，世界各大洋都有分布，从潮间带到深海都有它的踪迹。别看它个体小，可对人类造成的危害却不小。它附着在船底上，使船只增加阻力，降低航速。附着在金属构筑物上，常常破坏金属表面的油漆保护层，对金属起加速腐蚀的作用。

250. 藤壶为什么能牢固地附着在物体上呢？

藤壶类动物为什么能牢固地附着在岩石或金属表面

之上呢?这是因为藤壶在每脱一次皮之后,就要分泌一圈胶黏性藤壶初生胶,这种胶有多样生化成分和极强的黏着能力。它的黏接性能高得惊人。如果要除去它,除非连表面的钢皮也一起揭下来。据统计,舰船由于生物附着,尤其是藤壶的黏附,世界每年需要消耗清理费用及舰船报废损失额竟高达100亿美元。

藤壶

虽然藤壶对海上的设施危害极大,但人们也从它身上得到启发,正在着手研究人工合成"藤壶胶"呢。如果用这种黏合剂修船,只要几分钟时间,便可以在水下将钢板牢牢地黏接在漏洞或裂缝处。假如这种奇异的黏胶能力被用于水下抢险补漏工作,定会卓有成效。而且在医疗上,可以用它来止血和黏合伤口,黏接外科手术上的刀口时就会像黏纸一样方便了。

海洋生物

微小的海洋居民

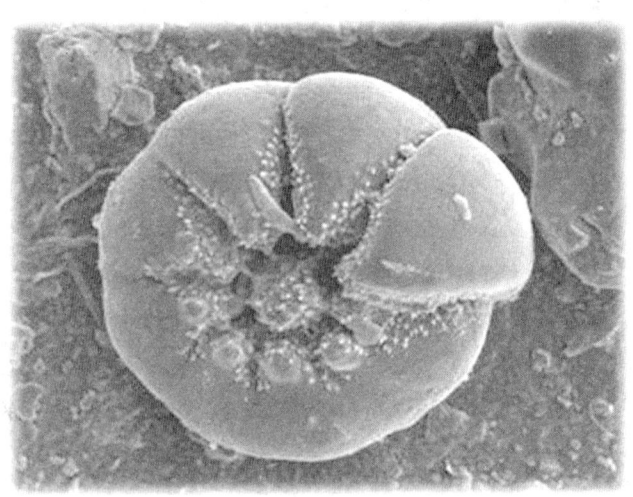

251. 微生物主要有哪些类型?

微生物可是地球上最早的居民,无论是在繁华的现代城市、富饶的广阔田野,还是人迹罕见的高山之巅、辽阔的海洋深处,到处都有它们的踪迹。微生物王国是一个真正的"小人国",这里的"臣民"分属于细菌、放线菌、真菌、病毒、类病毒、立克次氏体、衣原体、支原体等几大类。

微生物王国

人们把那些只"吃"现成有机物质的微生物,称为有机营养型或异养型微生物;把另一些靠二氧化碳和碳酸盐维持生命、能自食其力的微生物称为无机营养型或自养型微生物。微生物当然也要呼吸,但有的喜欢吸氧气,是好氧性的;有的则讨厌氧气,属于厌氧性的;还有的在有氧和无氧环境下都能生存,称作兼性微生物。

252. 微生物有什么特殊本领?

微生物虽然是自然界中最低等的生命形式,但却具有极强的抗热、抗寒、抗盐、抗干燥、抗酸、抗碱、抗缺氧、抗压、抗辐射及抗毒物等本领。从深1万多米、压力高达

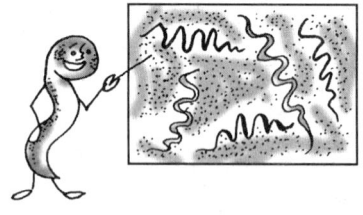

1000多个大气压的太平洋底到8.5万米高的大气层,从炎热的赤道海域到寒冷的南极冰川,从高盐度的死海到强酸和强碱性的环境,到处都可以找到微生物的踪迹。由于微生物只怕"明火",所以地球上除活火山口以外,到处都是它们的活动领地。

微生物们的整个体表都具有吸收营养物质的机能,"胃口"分外庞大。微生物不仅能吃,而

微生物的本领

且还贪睡,在埃及金字塔中三四千年前的木乃伊上仍有活着的细菌,可见细菌有着极强的休眠本领。

微生物不分雌雄,它的繁殖方式与众不同。拿细菌来说,它们是靠自身分裂来繁衍后代的,只要条件适宜,通常20分钟就能分裂一次,一分为二,二变为四,四分成八……就这样成倍地分裂下去,呈几何级数地繁衍。

253. 怎样鉴别细菌?

显微镜有放大微观世界的高超本领。人们在显微镜下看到的细菌,大致有3种形状:个儿又胖又圆的,叫球菌;身体瘦瘦长长的,是杆菌;体形弯弯扭扭的,称螺旋

菌。但不论它们具有哪种形状,都仅仅是个单细胞,内部结构和一个普通的植物细胞相似。

对于细菌家族的成员来说,如果固定在一个地方生长繁殖,就形成了用肉眼能看见的小群体,叫菌落。菌落带有各种绚丽的色彩,如绿脓杆菌的菌落是绿色的,葡萄球菌的菌落是金黄色的。

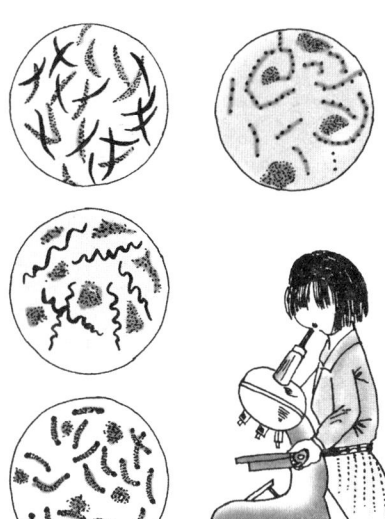

细菌鉴别

细菌菌落的形状、大小、厚薄和颜色等特点是鉴别各种菌种的依据之一。科学家弗莱明就是通过观察到金黄色的葡萄球菌菌落减少或消失,从而发现了"吃"掉葡萄球菌的青霉素,一举成为揭开抗生素秘密的功臣。

254. 海洋微生物是怎样分布的?

人们很早就知道海洋中有细菌存在,但是,它一共有多少种?生物学家对海洋微生物进行了深入系统的研究后,发现海洋微生物主要由海洋细菌和海洋真菌组成。

海洋细菌只能在海洋中生长、繁殖,在海洋微生物中数量最大、分布也最广。它们是不含叶绿素和藻蓝素的海洋原核单细胞生物,个体直径一般在1微米以下,形状有球状、杆状、螺旋状或分枝丝状,具有坚韧的细胞壁,无真核。

真菌是一类具有真核结构、能形成孢子、营腐生或寄生生活的海洋生物。海洋真菌不到500种,仅相当于陆地真菌种数的1%。现知的深海真菌只有5种,采集样品的最大水深为5315米。

海洋中的微生物从水平分布看,离岸越远,菌数越少。由于受富含有机物内陆水体的影响,港口海水每毫升约含10万个细菌,内海为500个左右,而4千米以外的外海就只有10个～250个了。

在水层分布中,细菌随深度的增加而减少,但接近海底菌数又有所增加。数量最多的地方不是海面,而是在5米～20米的水层中。20米～25米以下,菌数随深度的增加而减少,在海底沉积物中,细菌含量很高,每克湿重沉积物中所含细菌的数量可高达100个。

255. 海洋细菌的生存有什么价值?

海洋细菌对于海洋生命有着重要的意义?假若海洋中没有微生物存在,那么,海洋中的一切元素就不能循环。只是由于海洋微生物的存在,它们可以把动植物的尸体或排出的有机物再分解成为供植物用的无机盐。它们的存在有助于保持海洋生态系统的平衡和促进海洋自净能力。

当海洋生态系统的动态平衡遭受某种破坏时,海洋细菌以它的敏感性和适应能力会极快地增大繁殖速度,迅速形成异常微生物区系,积极参与氧化、还原活动,调整和促进新的动态平衡的形成和发展。海洋细菌也参与海洋的沉积成岩作用,如参与硫矿和深海锰结核的形成等。在海洋成油、成气的过程中,细菌更是起着十分重要的作用。由于它的拮抗和溶菌作用,可以使从陆地进入海洋中的致病菌迅速死亡,因此,海水才具有杀菌作用。

256. 海洋真菌有何进化意义?

从生物进化的过程来看,真菌的诞生要比细菌晚10亿年左右,所以它是微生物王国中最年轻的家族。真菌具有多细胞结构,能产生孢子进行有性和无性繁殖。它们和细菌、放线菌最根本的区别是真菌已经有了真正的细胞核,因此人们把真菌的细胞叫作真核细胞。从原核细胞发展到真核细胞,是生物进化史上一件了不起的大事。

海洋真菌

大多数海洋真菌依赖某种基物而自由生活,根据海洋真菌的栖生习性可划分为如下几种生态类型:木生真菌、寄生藻体真菌、红树林真菌、海草真菌、寄生动物体真菌。

海洋真菌参与海洋有机物质的分解和无机营养物的再生过程,能为海洋生物不断提供有效营养,在海洋食物链中占有十分重要的位置。特别是在海洋沉积物中的真菌丝体和酵母菌体是海洋原生动物、底栖动物等的动物饵料。目前,人们还利用海洋真菌加工麦皮、甘蔗渣、稻草等,制成了廉价的微生物碎屑混合物,用作水产养殖中的饲料。某些海洋真菌还能产生抗菌素和其他生理活性物质,可降解海洋环境中的污染物,促进海洋的自净。

257. 你见过光芒四射的细菌吗?

许多光都是由炽热的物体发出的,火、电灯都是如此。在地球上,也有不发热而只发光的光源,这就是生物发光,人们风趣地把这种光称为"冷光"。科学家经研究确定,海洋中共有70多种细菌能发光,有的生活在海水中,更多的是寄生、共生在鱼、虾、贝、蟹等海洋动物体内,或存在于它们的尸体中,使它的宿主也成了发光体。海洋发光细菌最喜欢生活在18℃～25℃的海水中,在热带和温带的海域中也存在着发光现象。

当成千上万的发光细菌聚集在夜空下的海水中,海风骤起,吹皱闪闪发光的海面,激起层层的浪花,看上去就像一条条火舌在海上飞舞,光芒四射,像节日的焰火一样!若此时有一条鱼儿游过,鱼的身上也立即发出光来,它的四周还会出现神话般的光晕。

258. 鱼虾的尸骨也会发光吗?

海洋也同陆地一样,有着生老病死的自然现象。当鱼虾年老力衰,长眠于海底之后,有时它们的尸体还会熠熠发光,甚至在20米以内人们竟能在昏暗的海底把它们辨认出来。原来,那是腐生在它们尸体上的发光细菌在作怪。海洋中除了大量的发光细菌外,还有很多动物能发光。这些动物一般都是在外界条件刺激下才能发光,如受海浪冲击、舰船活动和大型鱼类游动捕食等,都能引起发光。在第一次世界大战期间,交战双方被击沉的舰船中,有一些就是因为航行中引发了海洋动物发光,暴露了目标而被击沉的。不过"海火"不仅暴露航行中的舰船位置,同时也能使人们发现鱼雷发射地点及其航迹,这样有利于舰船及时躲闪开鱼雷的追击,帮助战舰进行反击。"海火"还可以为舰船指出暗礁、浅滩、沙洲和冰山的位置。

259. "细菌探测仪"是怎样设计出来的?

发光细菌的发光效率高得出奇,1平方毫米的海洋细菌群体所发出的光,就相当于一支普通蜡烛的光。如果把0.2克经过沉淀的发光细菌培养物用1万倍的海水稀释,它所发出的光仍能使面对面的人看清对方的脸。早在1900年,法国物理学家杜波依斯曾用发光细菌做成"细菌灯",照亮了巴黎国际博览会光学宫的大厅,使人们大开眼界,赞叹不已。

此外,在某些化学药品的激发下,能在一瞬间把细菌发光强度提高许多倍。于是,有人根据这个原理,设计出一种新颖的"细菌探测仪"。这种仪器内部安装着带有细菌培养基的胶囊,每个胶囊里培养着一种细菌,它们对各种化学物质反应的敏感性是不同的。

当空气中含有某种化学物质挥发的气体如毒气或者炸药时,胶囊里的细菌就会受到激发,便通过连接胶囊的光电管显示出来。一般来说,每种细菌可"嗅"出1种~5种化学物质,而且灵敏度很高,即使浓度只占空气的百万分之一,它也能检测出来。如果这种"细菌探测仪"用于海关检查,无疑会大显神通的。

260. 细菌与雨雪有关系吗?

众所周知,高空中的水蒸气要变成雨滴下来,必须有能使水蒸气分子凝聚的核。过去一直认为,地面上升的尘埃和离子,就是促进这个变化的凝聚核。

美国气象学家在一次气象学会上宣称:大量的细菌可能是导致降雨的重要原因。这位美国专家认为,海洋是产生细菌的摇篮,它们多漂浮在海面,喧啸的海浪里带有无数气泡,这些气泡在到达海面后就会破裂,气泡中的细菌便随着海面上升的气流被带到空中,其移动速度每小时100千米。然后,气流又把它们带到大气的上层,当细菌到达充满水蒸气的地区时,就会成为水滴的凝聚核,形成雨水下降了。而当气象学家把分离的23种微生物送入充满蒸馏水汽雾的密室做人工降雨实验时,竟意外地发现,有3种细菌能充当晶核,可以使水汽变成雪花。

最近,美国科学家已成功地掌握了利用细菌造雪的方法。当气温降到零下7℃时,7克细菌便可使1000加仑水变成雪花。人们利用细菌造雪,可控制雪的质量和结构,还能帮助滑雪胜地摆脱天然雪的局限性,延长雪的冰冻期。当然,人们也更有希望用它在天空催云播雪。

261. 非凡的生命在哪里?

那还是在1980年,哥伦比亚《万花筒》周刊上发布了这样一则新闻：日本的一艘远洋考察船在加拉帕戈斯群岛附近进行海底考察，结果在一个深渊里发现了一种在90℃水中被冻僵的细菌，这可是绝无仅有的事情。那里真是一片神秘莫测的世界，在水深为2650米、压强为266个大气压的海底地壳上有一条断裂带，那儿的间歇热喷泉可使水温高达250℃，热熔岩的堆积层含有大量有毒的硫化氢。这样深的水里是永恒的黑暗世界，也找不到任何食物，但就在这如此严酷的环境里，这种细菌仍生机勃勃地活着。

科学家们为了研究这种耐高温细菌的特征，把它们放到模拟天然条件的恒化器中培养，结果发现，即使在300℃高温下它们也能很好地生存。而在90℃环境中，几乎被"冻僵"了，根本不能繁殖。有人猜测，这种细菌的细胞内可能有一种特殊的"冷却装置"——嗜热基因，这正是科学家们将要深入研究的内容。

262. 方型细菌是怎样形成的？

自然界有时也会按人们意想不到的法则来创造生命。在内西奈半岛海岸有个与大海相通的盐水池，盐的浓度达到了饱和状态。英国学者沃尔斯比在观察水样时，发现载玻片的水膜上漂浮着一些小方块。起初，他以为这只不过是一些细菌的碎片，进一步观察后，他发现这些碎片能按照细菌生长的方法分裂增殖，他这才确信又发现了一种世上所罕见的方形细菌。在显微镜下，这种奇特的细菌呈正方形或长方形，边长1.5微米～2.0微米，厚0.2微米～0.5微米，也有呈三角形或不等边形的。

它的增殖方法非常特别,首先是在细胞中间形成细胞膜,使细菌一分为二并相连成"日"字形;然后沿分裂线的垂直线二次分裂,像个"田"字形,直到分裂成16个细菌时仍连在一起,就像一版没有撕开的邮票一样。此后,相连的细菌各自分开,成为独立的个体。

他们在盐水池中一共发现5种细菌,其中方形细菌占有绝对优势。这种优势的形成似乎与它们的细菌结构有关。方形细菌的细胞增加了浮力,使它们就像充气的座垫一样漂浮在盐水池的表面。这种细菌为什么选择了独特的方形结构呢?它们在近乎饱和的盐水中是怎样生活的?这些都是待解之谜。

263. 细菌有磁性吗?

1975年,美国的一位科学家在美国东北部沿海进行考察时,在海底沉积物中发现了一种很奇怪的细菌。这种放在盘子中的细菌样品,就像受到什么力量的支配,总是聚集在盘子的北边,当他转动盘子时,这些细菌就不断地向北移。他很快联想到,也许是地球的磁场对细菌产生的影响。于是,他又做了一个有趣的实验:他拿起一小块磁铁在盘子上方移动,结果发现细菌被磁力所吸引着,追随着磁铁游来游去。这一发现引起了麻省理工学院专家理查德的兴趣,他经过反复研究,终于揭开了其中的秘密。原来,这种细菌的细胞内有一种类似指南针的天然定向器,它是由22个~25个大小约0.05微米的磁铁微粒构成的。这一发现,对于研究动物和其他生物的回归机制提供了重要的线索。它充分说明生物在地球磁场中的定向运动,是通过永久磁性物质形成的体内"指南针"进行的。

这个发现的意义还远远不止于此,有人据此提出一个新奇的设想:如果把这种细菌的磁铁微粒掺入药液中,再把药液注射到病人血液里,并在患病器官的周围造成一个局部磁场,这样不就可使药物定向起作用了吗?

264. 海洋细菌怎样发电?

现在已经无人怀疑利用生物化学能够取代化学反应获得电能的可能性了,因为国外已出现许多研制细菌电池的报告,其中也有海洋细菌。这种自身就能发电的细菌,是美国加利福尼亚大学的施特尼可斯在死海和大盐湖里发现的,它是一种名为视紫红质的嗜盐杆菌。这种杆菌的细胞内有一道叫作视紫红质的紫红蛋白质构成的薄膜,这种薄膜就是一道天然的能量转换器。当阳光照射在薄膜上时,便能产生能量把氢离子挤出去,而使被激沉的质子从膜的一面转移到另一面,它的空穴又被另一个质子所取代,每秒钟通过薄膜的质子约300个,就形成了电流。

这种细菌可以用人工大量培养,用来做成细菌电池。现在国外已将它用于航道灯、信号灯、机场跑道指示灯的电源了。这些细菌将来也许还有可能用到海水淡化、无线电通讯及宇航飞船上。

265. 细菌能成为采矿能手吗?

海洋是个巨大的天然资源宝库,不仅为众多的珍稀海洋生物提供了广阔的生活空间,还蕴藏着丰富的金属和非金属矿藏。海水中含有80多种金属和非金属元素,如镁有2100万亿吨、钾有600万亿吨、溴有100万亿吨、碘有900多亿吨、金有550万吨、银有4亿吨。许多陆地上的稀有金属,如铀、锶、铷、锂等,海水中的储量也十分丰富。但大多数元素在海水中的浓度太低,现在还无法被开发利用。至今人们还只能从海水中提取氯、钠、溴、镁、碘、钾等少数几种元素。例如,海水里溶解有45亿吨铀,比陆地上已探明的铀矿储量要多2000倍!然而,300吨海水中仅含有1克铀,采集起来相当困难。

科学家发现,有些海洋微生物具有富集某些元素的本领,如果我们发现能够富集某些化学元素的微生物,再利用它们繁殖快、数量大的特点,把它们释放到海水里大量繁殖,让它们从海水中"吃饱喝足"各种矿物元素,然后再想办法把它们收集起来,便可以提取出各种有用物质来了。可以预见,在不久的将来,海洋微生物将有望在海水采矿事业中大显身手。

266. 死海里有生物存在吗?

死海是位于西南亚的著名大咸湖,湖面低于地中海海面392米,是世界上最低洼处,因温度高、蒸发强烈、含盐度高,据说水生植物和鱼类等生物都不能生存,因此得了个"死海"之名。那么,死海真的就没有生物存在了吗?美国和以色列的科学家通过研究终于揭开了这个谜底:在这种最咸的水中,仍然有几种细菌和一种海藻存活。

原来,死海中有一种叫作"盒状嗜盐细菌"的微生物,它是一种具备防止盐侵害的独特蛋白质。这种嗜盐细菌蛋白质又叫铁氧化还原蛋白,在高浓度盐分的情况下不会脱水,因而能够继续生存。美国生物学家梅纳切姆·肖哈姆和几位以色列学者一起,运用X射线晶体学原理,找出了"盒状嗜盐细菌"的分子结构。这种特殊蛋白呈咖啡杯状,它的"柄"上所含带负电的氨基酸结构单元,对一端带正电而另一端带负电的水分子具有特殊的吸引力,所以,能够从盐分很高的死海海水中夺走水分子,使蛋白质依然逗留在溶液里,这样,死海有生物存在就不足为奇了。

在未来,嗜盐细菌蛋白质的氨基酸的碱基顺序,有朝一日移植给不耐盐的蛋白质后,就有希望使改良后的蛋白质在缺乏淡水的条件下、在海水中也能继续生存,因此这项研究有着非凡的科学意义。

267. 海底火山口生物有哪些独到之处?

那还是在1991年4月间,有3名科研人员乘"阿尔文"号潜水艇潜入水下2400米深处进行科学考察。他们沿着阿卡普尔科东南805千米处的火山脊——东太平洋海丘调查,突然,他们发现:在一片温度高达400℃的水域中水面上布满了烧焦的蠕虫和贝壳的尸体。

当时,美国海洋生态学家理查德·卢茨也参加了调查。他深深地被新发现的海底生物群落吸引住了,他记录下了观察到的那些栖居于海底火山缝隙间的独特生物。与地球上几乎所有其他生命不同的是:这些生活在海底热液喷出口的生物并不依赖阳光进行光合作用来维持生命。作为喷出口食物链基部的微生物是依靠海底缝隙渗出的富含矿物质的水维持着生命的。

尤其让科研人员感到惊讶的是,海底热液喷出口生物竟依赖溶解于热水中的硫化氢维持生命。硫化氢对大多数生物来说都是剧毒物质,令人费解的是在这种环境中存活的微生物不但已经适应了硫化氢的毒性,而且还能够利用它来完成新陈代谢的生命过程。

268. "阿尔文"号观察到了哪些新生物?

根据上述考察结果进行分析,卢茨发现:还是在1991年,这座火山爆发后不久,海底火山口附近就盘踞了丛生的微生物。科学考察小组成员一致认为:这些微生物本是生活在海底深处,火山爆发时被带了上来。仅仅1年工夫,这些丛生的微生物就吸引来了蟹、鳗鱼等各种各样的海底生物。

微小的管生蠕虫也出现了,因为成年的蠕虫在海底不移动,据猜测它们是在幼体时,从其他喷发口游过来的。这些蠕虫没有肠胃,也没有口腔,不能吃东西,只能依赖海水中的微生物为生。微生物为蠕虫提供维持生命的能量,同时也在蠕虫身上找到寄生地。直到1993年12月又发现小蠕虫已经被巨大的管生蠕虫所替代。这些大蠕虫可长达2米,它们每天增长1毫米~2毫米,是地球上生长最快的海洋无脊椎动物。

1994年10月,卢茨在火山喷发口还看到了短齿蛤和龙介虫。这两种动物都是从海水中过滤食物的。仅过了1年时间,短齿蛤的数量就有所增加并盘踞在管生蠕虫上面,有些蛤甚至离开洋底完全寄生在管生蠕虫上面。卢茨推测,短齿蛤很快就会将蠕虫赶走,独占地盘。人们一

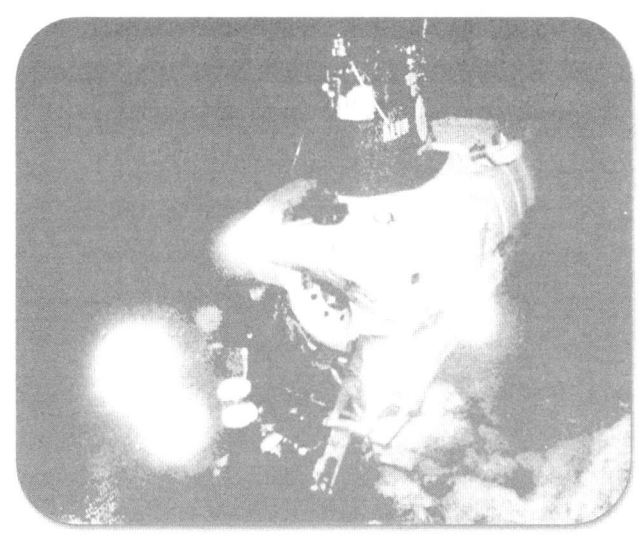

"阿尔文"号

直认为,白蛤是海底喷出口的典型动物,在喷出口占支配地位。但奇怪的是,它居然没有出现。卢茨的猜测是:白蛤在晚些时候——热喷口比较成熟以后才会出现。白蛤以共生的微生物为能量,但是人们至今还无法解释它们是怎样从一个火山喷发口转移到另一个火山喷发口的。据卢茨说,在他两次观察之间的时段里,喷发口的生物物种增加了两倍多,从12种增加到29种,物种的这种增加速度在陆地上还是闻所未闻的。

269. 什么是原生动物?

原生动物可以理解为原初生物,即动物界中最初出现的、最低等的动物。它们的身体多由一个细胞构成,所以又称为单细胞动物。但是,它又不同于高等动物体内的一个细胞,因为它具有运动、消化、呼吸、排泄、生殖、感应等各种生活机能。换句话说,它虽然没有各种器官,但却与整个高等动物体相当,是一个能独立生活的有机体。因此,作为动物,它是最简单的;而作为细胞,它又是最复杂的。

原生动物构成海洋中生物的一大部分,它们又是第二级食物链的开端,所以它们成了海洋动物最重要的食物来源。某些种类如放射虫和有孔虫,它们微细的骨骼会慢慢地沉落海洋深处,形成大片的沉积物,日积月累这些沉积物就演变成了岩石,可作为地层划分的依据之一。有人认为,这些沉积物在微生物以及压力和温度的作用下发生化学变化,是形成石油的原因之一。同时,它在生物学的研究中也具有极大的科学价值。

270. 海洋丁丁虫属于哪个家族?

终生浮游的海洋原生动物中,有3个著名的类群,那就是抱球虫、放射虫和丁丁虫。丁丁虫是一类有壳的纤毛虫,靠纤毛运动和摄食,纤毛旋转的围口膜自壳口伸出,有散布其间功能不详的拟触手,以可伸缩的原生质附于壳的基底。丁丁虫壳是虫体分泌的胶质或假几丁质,壳呈铃锥状、瓶形、壶形或筒状,壳面有平滑的,也有黏着沙砾等外来颗粒物质的,以增加其牢固性,因此又称为"砂壳虫"。

丁丁虫主要分布于海洋热带和温带水域的光照层中,约2000种。丁丁虫大多数长45微米~1000微米,用小型浮游生物网便可采到。丁丁虫在海洋食物链或食物

海洋生物

网中也占有一定的位置,以细菌、藻类或微小的鞭毛虫为生,自己又是其他浮游动物幼苗的饵料。丁丁虫可是唯一有化石存在的纤毛虫。研究表明,外界方解石可缓慢地置换假几丁质壳壁黏着的沙砾而使之钙化(化石化)。在1962年古生物学家还发现了它在古生代的物种化石,可见丁丁虫的生活史从古一直延续至今,在形态上没有多大变化,从而说明远洋环境是相对稳定的。

271. 有孔虫的身价有多高?

有孔虫是一种微体生物,要想看到它,需要把底栖生活的海藻或其他动物的虫管放在显微镜下观察,那缓缓而动的、有蓝白色壳的微小生命就是有孔虫了。另外,还可以取一点海沙,经0.15毫米孔径的筛筛洗,把筛洗漏过的沉积物烘干,再放入饱和的四氯化碳溶液中搅动,那漂在液面上的小白点就是有孔虫的壳了。

有孔虫是具有壳和网状伪足的单细胞动物,它的壳内还有许多个房间,每个房间有孔相通,因此而得名。有孔虫的全身仅由一个细胞组成,大小近似于海边的一粒细砂。但在显微镜下,却发现它们形态各异,有瓶状、螺旋状、透镜状等。有孔虫广泛分布在世界各个海洋,它是一个大家庭,据统计已有3万多品种,并且还以每天增加2个新种的速度飞快增长着。

有孔虫分浮游和底栖两个类群,是海洋食物链的一个重要环节,其分布同其他原生动物一样广泛,它们对环境反应敏感,有明显的深度分布范围,因而它们是很好的海深指示生物。

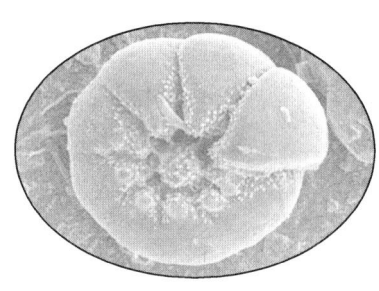

有孔虫

研究有孔虫有着巨大的现实意义:现在的海底沉积物中,约有30%是有孔虫壳沉积软泥。据统计,每克海底泥沙中约有5万个有孔虫壳。由于各个历史时期会有各自不同的有孔虫,因此,根据对有孔虫壳沉积物的分析,不但能确定地层的地质年代,而且还能揭示地下构造情况,从而为寻找矿藏尤其是石油,提供重要依据。此外,人们还发现在冷水中的有孔虫壳比在暖水中的小而且孔少,尤其是冰川时期更为明显。因此,根据这一特征,有孔虫又可成为冰川期和冰川后期古海洋和古气候变化的指示生物。

272. 谁是沧海桑田的物证?

地质学家为揭开海陆演变的历史,到处寻找埋藏在地下或埋藏在海底的旧时桑田的遗址,常常是耗尽人力、财力却一无所获。要解开沧海桑田之谜,的确不是件容易的事!有一种微体生物叫有孔虫,它天生喜好海水,就凭着这一种习性,它在揭示昔日沧海桑田这个艰难的工作中,成了地质学家的好帮手。

有孔虫祖祖辈辈以海洋为家,生生死死永远不离海洋。没有海水的地方,根本就找不到它的踪影;海水到哪里,海洋的边界到哪里,有孔虫就生活到哪里。而且,它们活着的时候在哪里繁衍、嬉戏,死亡以后就埋藏在哪里了。有孔虫是海洋最有力的见证物。江苏南通—盐城—连云港一线,今日沃野辽阔,水网密布,但有谁能想到这里曾是10万年前后古黄海的旧址?

现在山东成山头以东海区,波涛汹涌,水深有70米～80米。可是那里的海底泥沙中,并不是每一深度上都能见到有孔虫。原来,距今3.6万年前,今日的滔滔黄海,曾是一片桑田沃野。此外,在远离海洋的我国内地,如北京、新疆、山西、陕西、湖北、四川等地也发现了有孔虫的遗骸,这同样可以证明,以上这些地区曾几何时也是一片茫茫沧海!

273. 什么生物软泥分布于深海?

"软泥"这个术语,最早见于著名的调查船"挑战者"号(1872—1876年)全球性海洋调查的文献中,是指水深大于500米深海、具有软的羹汤般的浓稠状特征的沉积物。按照海洋地质学家的定义,若沉积物中某类生物骨骼的含量大于或等于30％时,此沉积物就以此类生物命名,如有孔虫软泥、放射虫软泥等等。但是,4000米多的深海底,不都是有孔虫软泥的一统天下。为什么呢?原来,碳酸钙的溶解度随海洋的压力(深度)、盐度增大而加大,所以有孔虫这类含钙的遗骸只能在不太深的暖水中才得以沉积和保存下来。如果超过上述深度,钙质壳就会被未饱和的深层冷水溶解而不复存在了。但是,硅质的放射虫遗骸则与此相反,它的溶解度与水温、pH值成正比,而与海水的压力又成反比,所以,在深海区的海底,放射虫的遗骸反而多些。

274. 放射虫有何重要作用？

什么是放射虫呢？简单地说，放射虫是具有辐射状骨针和辐射状伪足的海洋原生动物，其细胞质被中央囊膜分为内部的中央囊和外部的外质。根据骨骼成分和形状、中央囊孔的多少，放射虫分为等辐骨虫、泡沫虫、罩笼虫、稀孔虫等四大类。它的虫体死后，因二氧化硅的骨骼能在海洋沉积物中得以保存，因此，人们在显微镜下可见那精美动人、和谐对称、平衡有序、巧夺天工的放射虫骨骼。

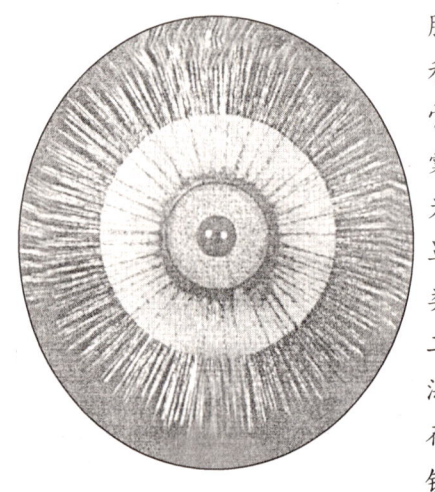

美丽的放射虫

美丽的放射虫与有孔虫一样，也是一类古老的原生动物，也有硬质骨骼。它们的不同之处在于，放射虫的身体呈放射状，在内外质之间有一中央囊，在外质中有很多泡，以增加身体的浮力，使其适于浮游生活。它的分布遍及世界各个海域的不同深度，为大洋性浮游生物，同时愈近黑潮和湾流，其种类和数量越多。当放射虫虫体死亡之后，它的骨骼沉于海底，也能形成海底沉积，作用和意义与有孔虫类似。

微小的放射虫只生活于海洋，因此同样可作为海洋环境的指示生物。另外,新生代热带泡沫虫、罩笼虫的骨骼孔格有随温度升高而变大、简化结构、减轻骨架重量的趋势,因此也可作为海洋环境温度变化的佐证。此外,古代有些放射虫的灭绝与地球地磁的倒转有关联,因而放射虫又可为地磁地层学研究提供资料。

275. 为什么放射虫能提供古温度变化的信息?

放射虫与有孔虫一样,都可以作为海洋环境的指示物,但放射虫还有一种提供古温度变化信息的功能。在海洋中生活的放射虫,对水温的要求很严格,它们有暖水种和冷水种之分。暖水种只能生活在炎热的赤道大洋区或温热的暖流区;冷水种就分布在远离赤道的北纬40度以北的水域。水温就像一道道厚实的围墙,把

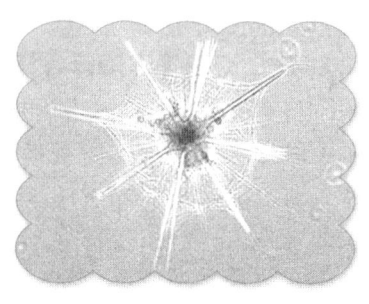

放射虫

放射虫牢牢地圈在各自的生活天地里。因此,从放射虫的分布,就能看出大洋中各处水温的分布。用人的肉眼难辨的"隐士",就这样忠实地记录着大洋的温度变化。

记录古海洋水温的变化,更是放射虫的拿手本领。堆积在海底的放射虫,本身就是一份古海洋水温变化的原始记录。在水温增高时,堆积在海底的放射虫是暖水种;当水温下降时,堆积在海底的放射虫就是冷水种。

太平洋东北部喀斯特盆地3.5万年以来水温变化的曲线,就是通过对放射虫的研究而得到的,在312万年以

前,全球处于寒冷的冰河时代,海区中的放射虫不仅以冷水种为主,而且数量剧减。12万年以后,全球冰期结束,进入温暖的气候期,此时海水中的放射虫又以暖水种数量剧增为特征。可以说,放射虫对海水温度变化的反映既灵敏又准确。

放射虫为人们把许许多多古温度变化的信息储存在大洋中,随着科学技术的发展和对放射虫研究的深入,人们将可以从放射虫身上得到越来越多的有关古温度变化的数据。

276. 什么动物是古海洋深浅的指示物?

要知大海的深浅,除使用各种测深仪实际测量外,还可从一种叫作介形虫的微体生物身上得到大海深浅的数据。如今海洋中的介形虫一般只有0.5毫米～1.0毫米大小,种类很多,目前已知的就有2500余种。它们大多呈三角形、卵形、梯形等,生活在无边无垠的海洋中,但却从不到处漂泊,在深海生活的绝不到浅海栖居,在浅海生息的也绝不到深海遨游。地质学家根据介形虫的这一习性,就能推算出不同地质时期大海的深浅。

有这样一个实例:在南黄海西北部地区海底泥沙中介形虫的分布,南部以中华丽花介为主,北部以穆赛介为主,东部以克利特介为主。这3种介形虫分别生活在0米～20米、20米～50米和大于50米水深的海区。这就为人们绘制出一幅简单的海底地形图。也许介形虫给出的这些海洋深浅数据太粗略了,根本就不能与现代仪器的精密测量相提并论,但是介形虫能测量出成百上千万年前海水深浅的本领,这可是任何现代精密测深仪都望尘莫及的。

在漫长的历史进程中,海洋早已发生了巨大变化。面对这个面目全非的海洋,介形虫却能大显身手。比如,地质学家从地中海几千万年前形成的沉积物中,发现了一种叫深海角介的只能在大洋里生活的介形虫,而在年代更新的沉积物中,却再也见不到它的踪迹。由此得知,古地中海曾经是一个大洋,与大西洋相通,水深可能达到几千米,可是以后它又与大洋失去联系,封闭成如今名副其实的被陆地包围着的地中海。在这一点上,介形虫所提供的宝贵数据是无与伦比的。

277. 海面上的"赤潮之火"是怎样点燃的?

人们常说蔚蓝色的海洋,但是,由于红海束毛藻的缘故,在亚洲西部的阿拉伯半岛和非洲大陆之间却出现了红色的海域。

红海束毛藻在我国南海、东海沿岸也常见。每年秋冬,它们大量繁殖,形成束毛藻

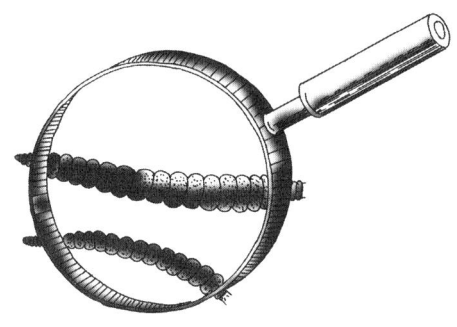

赤潮生物

赤潮,漂到岸边,严重时海水被染成淡红色。由于赤潮来自太平洋东面,所以福建沿海的渔民称它为"东洋水"。

红海束毛藻属蓝藻类,但体内的藻红素含量很高。

它们的植物群体虽然很细小,但大量繁殖时,成群成团地漂浮在海面,可以把海水"染"成红色。红海束毛藻的群体容易死亡分解,藻体死后,海水发出阵阵腥臭味,这就是赤潮。它一般于早春或晚秋季节发生在近岸海域,那时,海上漂满了红色的水团,远远望去,是一片红色的海洋。赤潮的出现,常常给海中生活的动植物带来灾难。

在我国沿海,赤潮生物有近130种,夜光虫和裸甲藻则是最常见的有鞭毛的赤潮生物。平时,一个海湾可能有多种赤潮生物,但不一定都发生赤潮。富营养化虽然是赤潮发生的必要条件,但并非充分条件。只有种种水体因素适合于某种或某些赤潮生物爆发性繁殖,使大型细胞数达到每毫升约2万个或小型细胞数达每毫升100万个或叶绿素a量大于每升50毫克时,专家们才断定这是赤潮发生了。

278. 赤潮有何危害?

近岸水域、特别是在半封闭的河口湾,因水流不畅或富营养化,再加上持续干旱少雨,水温偏高,平静的海面常呈现大面积斑块或带状的变色现象。入夜,船只划过水面,船桨会泛起"火星",而船尾则会拖着长长的光带,海浪撞击海岸也会有鳞光闪闪的浪花。几天之后,鱼、虾、贝相继死亡烂臭,有时,那里的海贝还会危及人们的生命。

这些闪亮的夜光虫,直径仅0.5毫米～2.0毫米,是一些肉眼可见的晶亮小球。它们的身上有透明的细胞膜、网状分散的细胞质、浓密的细胞核、一根细小的鞭毛以及原生质突起形成的粗大可动的触手。因为它体内含有许多拟脂颗粒,故受到机械刺激时能发光。

能形成赤潮的浮游生物有许多种,其中的一种是裸甲藻,其细胞长度仅有 120 微米,无甲板,有位于体中部的横沟和达上锥部的纵沟以及沟内缓缓波动的鞭毛。裸甲藻能分泌毒素,一旦被贝类取食累积,便可形成贝毒。赤潮会引起鱼、虾、贝等的死亡,主要原因是:夜光虫等赤潮生物大量死亡时消耗了海水中大量的氧气,海水里的含氧量降低,必然使鱼、虾、贝因缺氧窒息而亡。污秽的海水,夹带着死鱼烂虾的腥臭,常常使人咳嗽不止、鼻眼灼痛、难以忍受。

279. 环节虫类动物是怎样运动的?

环节虫类动物约 3500 种,多穴居在泥沙或石缝中,有的栖息在自身分泌物和沙组成的管子中,也有一些种类营自由漂浮生活,这类动物包括有许多刚毛的海蠕虫。环节虫具有由中胚层裂开形成的真体腔,身体很清楚地分成环节,除了头部和尾环节之外,其身体外表和体内分成同样的若干环节。每一体节上有刚毛,还长有疣足作为运动器官,运动起来更加有力。每一环节都包含着充满体液的一些小室,环节虫只要收缩肌肉便可压缩体液,使每个小室的形状改变,从而它也就可以挖洞或游泳了。

环节虫类是动物界最重要的类群之一,它们是最早具备环节模式构造身体的简单动物,这种模式后来进化成为龙虾、虾及蟹等更高级的动物所具备的复杂的节肢体型。环节动物的循环系统已进化为全部血液封闭在血管内的封闭式循环。它们的神经系统也较腔肠动物进化。在体前端有一个由两叶组成的神经节——脑,脑已具有协调全身感觉和控制运动的能力。

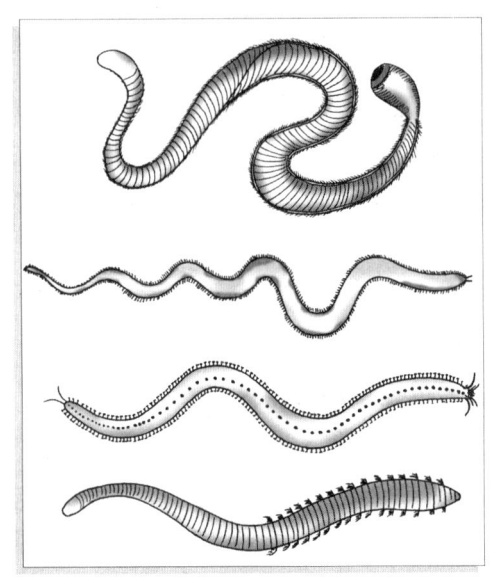

环节虫

280. 沙蚕何时举行"群婚舞会"?

水族中的婚姻大事,要数沙蚕办得较隆重、热烈而自由了。在繁殖之夜,成千上万条沙蚕会云集在一起,在海中翻下翻上,翩翩起舞,被人们称为"群婚舞会"。有些种类正是以这种奇特的生殖方式而闻名于世的。

中国海南岛的珊瑚礁上所产的大沙蚕,体长可达1米。大沙蚕栖息在浅而多石的海底。每年1次,大沙蚕那含有雄或雌的性细胞的尾部会脱离虫体,聚集到海面,而身体前端依然留在礁石上生活。尾部聚集的时间异常准确,在南太平洋,总是发生在每年10月至11月下旬,这就使精子和卵子有了最好的相遇机会。

281. 沙蚕有什么经济价值？

在李时珍的《本草纲目》中有明确记载：沙蚕"闽、广、浙江海滨多有之，形如蚯蚓，闽人以蒸蛋或作膏食，饷客为馐，云食之补脾健胃等，且生血利湿行小便。"由此可见，沙蚕不仅可以制作成美味佳肴，还有强身健体的保健功能。

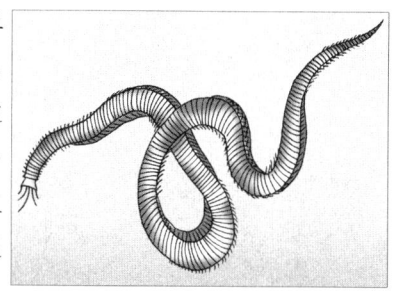

沙蚕

沙蚕不仅是一种经济价值很高的虫类，还是有名的海钓饵料。每逢节假日，聚集在滨海的钓鱼爱好者常常用沙蚕做钓饵。在人们整理钓饵的时候，有时可以看到这样一种现象：在放沙蚕的小盒中，一些贪吃的苍蝇和蚂蚁，一旦接触到沙蚕便很快就死掉了。千百年来，没有人感到死沙蚕杀死苍蝇是件怪事，其实这个普通的现象中蕴藏着很深的科学道理，细心的研究者开始觉察到：沙蚕中一定含有杀虫成分。经过多年的研究，终于在沙蚕中提取出一种有毒的物质，还探明了它的化学结构，这种物质被命名为"沙蚕毒素"。

282. 海洋龙介虫是怎样运动的？

龙介虫是喜隐居的多毛蠕虫，在幼虫阶段后期就住在特殊的管子内，以保护它的柔软身体不受伤害。这种管子可能是柔软膜状的，也可能是由龙介虫头后面一个

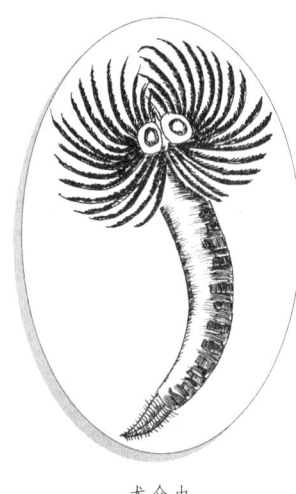

龙介虫

特别器官分泌的石灰盐所造成。在管外只能看到触手组成的冠,这是一个特殊的摄食器官,样子像个羽冠。微粒食物不论是死是活,只要一触及羽冠的任何部分便被抓住,送入口中。水中微有波动,甚至忽然间有阴影罩住龙介虫,都会使龙介虫立刻撤回它的摄食羽冠。当它再次把羽冠伸展出来时,总是小心翼翼,动作十分缓慢。

283. 什么是箭虫?

大海中生活着一类体形微小、透明的浮游动物,通常它们仅有1厘米~2厘米。它们就是箭虫类。有人曾在1立方米的海水中发现了1000多只箭虫。它们有头、眼、颚毛和尾,但是没有呼吸或排泄器官。它们在水中游泳时能靠本身的鳍状突出物保持平衡,以口上下两侧的长颚毛捕捉其他浮游动物为食。

284. 什么是扁虫?

海洋中还生活着许许多多的扁虫,大约有1.5万种之多,它们中大部分是寄生虫,主要生存在其他动物体内或身上,但也有些是自由生存的,自己能够爬行。扁虫有极原始的集中的神经系统,它的一些神经组织集结在头部形成一个简单的脑,这个脑能接收感觉器官发出的冲动和刺激,然后把信息转送给身体其他部分。扁虫有个雏形的头，不过口却在体下侧中央部分。

285. 什么是星虫？

生活在海洋中的星虫行动缓慢，藏身于海底的穴洞内，靠分泌黏液造成洞壁。它身体前端有个管状的吻，吻端有口，进食时能自里向外翻出。它用黏液收集极微小的食物粒，由纤毛送进口去。遭遇压力时，体液会使吻变硬，吻还可用来挖洞。

286. 什么是益虫？

海洋中益虫的体形看上去很像香肠，大多栖息于海底洞穴中。最有趣的益虫之一名叫"旅馆胖老板"或"旅馆主人虫"，因为它在泥中挖出U形的洞，让许多动物住在里面。这些"客人"包括蟹、虾虎鱼和其他蠕虫。"主人"分泌制造出黏液网罩在头上，然后收缩身体把水及水中所含食物吸入网中，不时把黏液和黏到的食物吞下。

287. 什么是多毛虫？

顾名思义，海洋里的多毛虫是因为遍身有毛状突出物而得名的。它们每一体节两侧有一对疣足，足上生有刚毛，长度从几毫米到6厘米不等。有些可以自由游动，有些住在它们在海底所筑的圆洞中。

多毛虫的颜色有暗淡无光的，也有鲜艳夺目的，有些甚至能自体内发光。它们与大多数海蠕虫一样，也要经过幼虫阶段。漫游性多毛虫类是自由生活的，能挖洞、游泳和行走，因此，它们的感觉器官和运动器官发展得比那些一生居于管内、不作自由运动的蠕虫更为高级些。

海洋生物

多彩的海洋植物

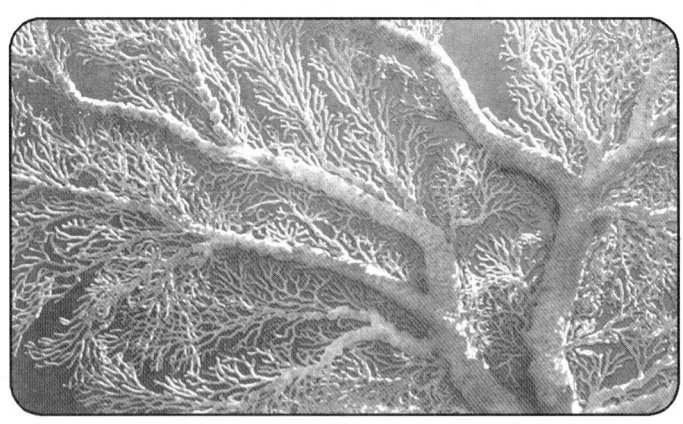

288. 海洋植物主要有哪些家族?

海洋哺育了万物生灵。在优越的海洋环境中,海洋动物千秋万代得以繁衍生息,海洋植物也是枝繁叶茂。通常,人们把海洋中具有叶绿素、能进行光合作用、能生产有机物的自养型生物,称为海洋植物。它们是海洋中最重要的初级生产者,门类很多,从低等的无细胞核藻类,像蓝藻和原绿藻,与具有真细胞核的红藻、褐藻和绿藻,到高等的种子植物,共有13个门,约1万种。

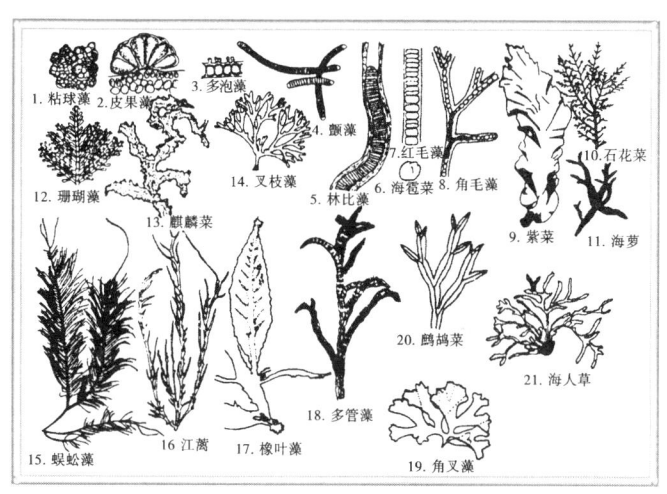

海洋植物

在海洋植物中,藻类占绝对优势,它们多数是简单的光合营养的有机体,其形态构造、生活方式和演化过程都比较复杂。它们介于光合细菌和高等植物之间,在生物的起源和进化上占有极为重要的地位。

海洋中的种子植物的种类并不多,通常分为红树植物和海草植物两类,它们和栖居的多种生物共同组成沿岸生物群落。海洋植物还包括一类藻菌共生体——海洋地衣,它们的种类不多,常见于潮间带。

289. 藻类世界有多精彩?

海藻类是海洋中的低等水生植物,有的在世界各大洋中随波逐流,有的固着生长;有的形如马尾,有的飘如彩带。微藻只有用显微镜才能看到;大型藻类可长达近百米,重几百公斤。它们中有长期在海水中飘浮、四海为家的单细胞藻类——"浮游藻";也有用假根附着在海底岩石上、伸展着细长而柔软身躯的多细胞藻类——"底栖藻";还有那些洋洋大观的巨藻、海草等,构成了一个五彩缤纷的海洋植物园。

探索藻类世界

一般人喜欢把海洋中的植物通称为海草或海藻,因为它们看上去有些像杂草,遍布在海岸带。不过,它们与陆地上的花草树木还是有些不同。海藻不会开花结果,不能产生种子,它们是以另一种生殖方式来繁衍后代的。譬如,有些藻类在膨胀的叶尖上具有特殊的构造,能释放雄性和雌性细胞。平常,我们在海岸附近常见的海藻可以分为绿藻、褐藻和红藻三大类,都具有这种繁衍特征。

290. 蓝藻会引发海面变色吗?

蓝藻由于含有一种特殊的蓝色色素,也就因此而得名。但是,蓝藻也不全是蓝色的,不同的蓝藻含有一些不同的色素,有的含有叶绿素,有的含有蓝藻叶黄素,有的含有胡萝卜素,有的含有蓝藻藻蓝素,也有的含有蓝藻藻红素。红海就是由于水中含有大量藻红素的蓝藻,从而使那里的海水变成了红色。

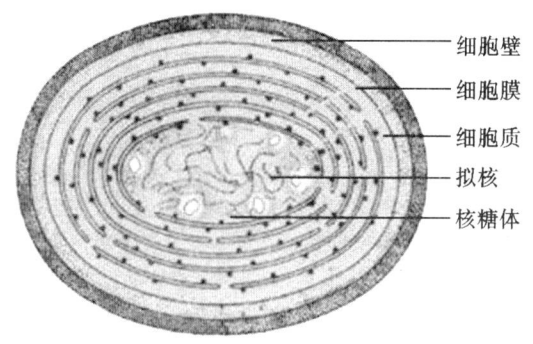

蓝藻的细胞结构

蓝藻是原核生物,又叫蓝绿藻、蓝细菌。在所有藻类生物中,蓝藻是最简单、最原始的一种。蓝藻是单细胞生物,没有细胞核,但细胞中央却含有核的物质,这些核通常是颗粒状或网状,染色质和色素均匀地分布在细胞质中。这种核物质没有核膜和核仁,但具有核的功能,也称它为原核。因此,与细菌一样,蓝藻属于"原核生物"。大多数蓝藻的细胞壁外面有胶质衣,因此蓝藻又叫粘藻。

在一些营养丰富的水体中,有些蓝藻常会在夏季大量繁殖,并在水面形成一层蓝绿色带有腥臭味的浮沫,人们称它为"水华",也被称为"绿潮"。绿潮会引起水质恶化,严重时还将耗尽水中氧气而造成鱼类生物的死亡。

291. 海洋地衣多生长在什么地段?

海洋地衣是真菌与藻类的共生体,它们大部分是壳状或者鳞片状,生长在海边的潮间带,尤其是高潮带的边缘。有的藻类能与珊瑚、海绵、苔藓、蕨类、裸子植物等多种生物共生,再与真菌共生就形成了地球上的先锋植物——地衣。

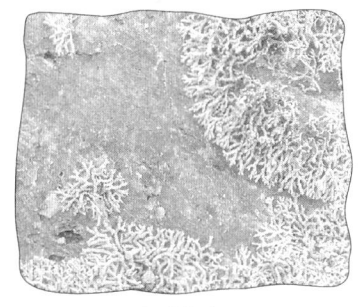

海洋地衣

地衣中的真菌多数属于子囊菌类,而藻类多为蓝藻和绿藻。地衣体的形态几乎完全是由共生的真菌决定的,藻细胞位于地衣体的内部。甚至有一种地衣真菌与两种藻类共生现象,形成具有同样形态的地衣体。通常人们认为地衣内的藻菌关系是互惠共生关系,藻类细胞的光合作用为地衣植物体制造有机养料,菌类则吸收水分和无机盐,为藻类进行光合作用提供原料,还可以为藻类提供覆盖保护。

292. 为什么说硅藻是能工巧匠?

一提起海洋生物,人们的眼前就会浮现出巨大的鲸鱼、凶猛的海狮、智慧的海豚、矫健的海燕……那许许多

海洋生物

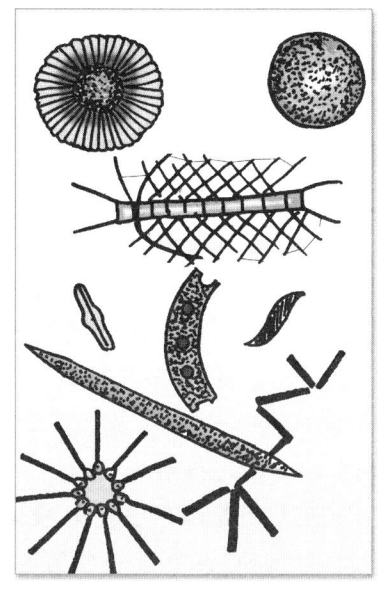

硅藻

多生动的形象。然而,对那些数不胜数、身体细微、不引人注目的微小生命,人们却很少关注。这些小生命用肉眼很难观察到,它们像是海洋里的隐士,悄无声息地生活着、繁衍着,自成为一个奥妙无穷的世界。但它们中的许多成员可是神通广大,不可小看。

在海洋浮游植物中数量最大的要算是硅藻了。硅藻种类繁多,常见的有圆筛藻、中国箱形藻、太阳漂流藻、辐杆藻、菱形藻、舟形藻等等。它们都是单细胞植物,外面有细胞壁包裹,里面就是原生质,中间有细胞核。

它们的身体结构特别适合于漂流,能随着海洋四处游荡。它那图案分明的美丽花纹,全都是硅酸盐的沉积物勾画出来的。人类要制造硅酸盐化合物,必须要有一套高温、高压设备,而硅藻却能在常温常压下十分精巧地制作出来,这其中的奥妙怎能不令人称奇!如果你能揭开这个秘密,说不定会引发一场工业上的技术革命呢!

293. 人们怎样利用硅藻断案?

在法院受理的案件中,有关溺水死亡的案件,往往会围绕着死亡原因和地点不明等问题纠缠不清。其实,碰到这类难解之谜时,只要从死者的胃或腹腔里取出一些水体,再放到显微镜下观察,如果发现有硅藻,就能断定死者是被水淹死的;否则,就另当别论。

硅藻是水中分布最广的一种微体生物,凡是有水的地方都有它的存在,因而溺水死者的胃及腹腔里一定有大量硅藻存在。还有一些更为复杂的案情。例如,有些作案者为了迷惑视听,把溺水者从一处水域捞起,又投入到另一处水域以逃脱罪责,这时硅藻最能帮助查清事实真相。因为硅藻的分布随着水域的不同而种类各异,很难在两个不同水域中找到完全相同的硅藻种类。

根据硅藻的这一习性,人们从死者体内所带的硅藻种类就能断定死者溺水的地方。例如,在海里淹死的人,体内有圆藻、三角藻、盒形藻等;而在湖里淹死的人,体内都会有羽纹藻、短链藻、四环藻等。如果把在湖里淹死的人再投入到海里去,妄想瞒天过海,就会在小小的硅藻面前阴谋败露。

294. 夜光藻是怎样发光的?

夜光藻是一种真核生物,藻体近似于圆球形,有透明的细胞壁,是生长在海洋中具有生物发光特性的甲藻。它的发光特性与其细胞质中含有大量的荧光素有直接关系。夜光藻发光的颗粒是一种拟脂蛋白,呈粉红色,当细胞受到刺激时,发光颗粒就开始收缩而产生淡蓝色的荧光。当夜光藻的数量在每升 200 个时,只能形成微弱的海水发光现象,而当夜光藻的数量达到每升 1000 个～

2000个时,就会形成强烈的海发光现象了。

夜光藻

夜光藻既有植物特性也有动物特性,它们既具有特殊的含有叶绿素的细胞进行光合作用,同时又有捕食和消化猎物的能力,这使它们具有在不同环境下生存的能力。当光线充足时,它们能利用光合作用从太阳光中获取能量,而当光线过暗时,它们也可以利用自身的特性来寻找食物。

夜光藻的分布范围很广,往往分布于世界各地的沿岸、河口、陆架的浅水区域。这些区域有其他生长旺盛的浮游植物,可以提供充足的食物来源。夜光藻是我国沿岸低盐海域浮游生物的主要组成者之一,其数量在黄海、渤海、东海1年有2次生长高峰,在南海变化不大。当大量夜光藻密集在水体的表面时,就形成赤潮。

295. 麒麟菜有什么营养价值?

麒麟菜是一种底栖红藻,俗称"珊瑚草"。麒麟菜所含的养分极高,具有"先清后补"的效果。麒麟菜与日本的厚岸草统称为"珊瑚草"。日本人将厚岸草称为神草或福草,自古以来就被当做长生不老的秘方。由于它产量极为稀少,早为日本政府列为国家的宝贵资源限制采集。由此可见,麒麟菜的食用价值和营养价值极高。麒麟菜富含多糖、纤维素,属于高膳食纤维食物,是一种不可多得的优质保健食品。膳食纤维是人体必需的物质,具有防治胃溃疡、抗凝血、降血脂、促进骨胶原生长等作用。

麒麟菜还含有丰富的矿物质,钙和锌的含量尤其高。其钙含量是海带的5.5倍、裙带菜的3.7倍、紫菜的9.3倍;锌含量是海带的3.5倍、裙带菜的6倍、紫菜的1.5倍之多。

296. 藻类都是植物吗?

藻类是一种具有光合色素,能进行光合作用,自营养生活的生物,一般生活在水体中。藻类的藻体大小相差悬殊,最小的藻类只有几微米,必须在显微镜下才能见到;而体形较大的藻类肉眼就可以看见,最大的藻类体长可以达到60米以上。

藻类的种类复杂多样,实际上它们之间并无明显的亲缘关系,在生物演化历史中都是相对独立的。藻类涵盖了生物中的原核生物界、原生生物界和植物界。蓝藻和一些生活在无脊椎动物中

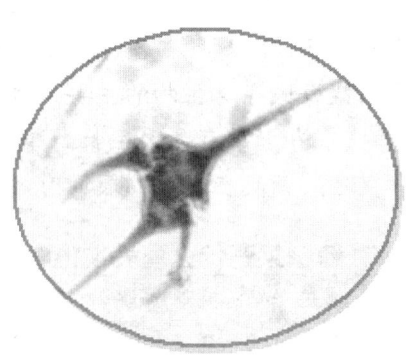

原生生物——甲藻

的原绿藻可划分在原核生物界。而其他藻类则都是真核生物,其中裸藻、甲藻、隐藻、金藻、硅藻、红藻、绿藻和褐藻属于原生生物界。对于生殖结构比较接近高等植物的

轮藻就划归于植物界了。

297. 麒麟菜是怎样繁衍的？

麒麟菜是多年生的一种海藻，具有孢子体、配子体及果孢子体3个世代进行循环生长的过程。

它的孢子体及配子体在外形上没有多少区别，果孢子体寄生在雌配子体上。孢子体成熟时，部分皮层细胞形成四分孢子囊，含有4个孢子分层排列。成熟后，四分孢子直接放出体外，附着在珊瑚礁上，萌发成新的藻体。

配子体是由四分孢子萌发而成的，分雄配子体和雌配子体两种。雄配子体在外表上和孢子体无甚区别，成熟时在小枝的顶端形成精子囊群，雌配子体成熟时藻体的枝端皮层细胞发生变化，由皮层细胞内侧生出果胞和辅助细胞。雄配子体成熟后，漂流到雌配子体的果胞内和卵核结合，经一系列的变化，形成果孢子体，突出在雌配子体表面，形成囊果。囊果上有一小孔，称为囊果孔。成熟的果孢子便由囊果孔放散出来，萌发成新的藻体——孢子体。麒麟菜就是这样世世代代在海洋中繁衍生息，繁荣昌盛，使得浩瀚的海洋更加生机盎然。

298. 浮游藻是天然牧草吗？

浮游藻大多数是一些单细胞藻类，它们的个体都很小，身体直径一般只有千分之几毫米，体形各异，人们只有在显微镜下才能观察到它们。

海洋中的浮游植物除了硅藻之外，还有蓝藻、甲藻、绿藻、金藻等等。它们分布得十分广泛，包括南北极在内的所有海域中都有它们的踪迹。正因为它们的存在，才给海洋动物提供了丰富的食品,使得鱼虾肥壮,浩瀚的海洋也变得繁荣昌盛起来。

据科学家测算,100千克藻类进入食物链后,大约能产出1千克的海鲜肉。这些浮游植物的总重量,要比海洋鱼类的总重量多万倍以上,它们主要是靠阳光和海水里的营养盐类生长的。

浮游植物是海洋里有机物的基本生产者,它们除了含有某些维生素外,还含有人体所需要的多种多样的营养物质。归根到底,海洋高等水生物都是这小小浮游植物的衍生物,是海洋牧场的基础营养物质,因而可以说,浮游植物才是地球上海洋生命的真正源泉。

299. 大鲸鱼吃什么?

一般来说,在大海里应当是大鱼吃小鱼、小鱼吃虾米的,其实也不全是这样。海洋之大无奇不有,庞然大物鲸鱼吃的就不是小鱼,而是海藻等微型食物。鲸鱼主要以滤食小不丁点儿的浮游生物为生。每当进食时,鲸鱼首尾相接,猛一个转身,把海水搅起旋涡来,在涡流力量作用下把成吨浮游生物赶到水中间,趁机张开大口,让海水涌入口内,大口一合又将海水滤出,于是,它口中那密密麻麻的须子里面便留下了美味的浮游生物,它便大饱口福了。除了巨型鲸鱼之外,其他的动物,像文昌鱼、鲮鱼等也主要是靠觅食海洋浮游植物长大的。在海洋食物链中,海洋微型藻属于第一营养级。

300. 绿潮有什么危害?

海洋中的大型绿藻在条件适宜的时候,会大量繁殖,在海面上形成大面积的绿潮。这些形成绿潮的绿藻主要是海产绿藻类中的石莼属、浒苔属、硬毛藻属、刚毛藻属的绿藻,尤其以石莼属和浒苔属绿藻最为常见。在我国常见的种类有缘管浒苔、扁浒苔和条浒苔,它们主要生长在潮间带的岩石上,泥沙滩的石砾中,有时也可以附生在大型海藻的藻体上。

浒苔的藻体是由单层细胞构成的中空管状结构,在进行光合作用的过程中,藻体可以释放出氧气形成气泡,从而增大了藻体的浮力,使其漂浮于表层海面上。特别是在夏季,由于海水温度升高,海水的环流带来丰富的营养物质有利于进一步加大浒苔的快速繁殖。在海浪、潮汐和大风的作用下,这些浒苔就飘到近海海岸发生大量聚集。

浒苔是一种可食用的海藻,也可以作为饲料和农业肥料。在绿潮发生过程中并不会对海洋生态环境、人体健康和食品安全产生危害,而且还有利于净化海洋生态环境。但是,在大批浒苔死亡后,由于有机质的集中分解,将对近岸海域的水质环境产生一定的影响,浒苔爆发还会干扰旅游观光和水上运动的顺利进行。

301. 底栖藻有多少种类?

海底也有绿色世界,那里有繁盛茂密的海藻群落,郁郁葱葱,蔚为壮观。它们是生活在光线能够到达的浅海底的定生海藻——底栖藻。底栖藻大都是用肉眼能看到的多细胞海藻,主要有绿藻、褐藻和红藻。它们善于适应退潮时暂时的干旱和冬季暂时的寒冷环境,只要一涨潮,它们又开始在海水中正常生活了。

海藻

各种海藻需要的光线强弱不同,因此分布的水层也就不一样,它们只有分布在最适合的深度,才能最大限度地利用光能,正常地生长发育。绿藻主要吸收利用红色光线,因此它们一般生长在几米深的极浅水层;褐藻喜欢在橙色光和黄色光中生活,它们总是呆在30米~60米深的水中;红藻最爱绿色、蓝色光线,自然要在更深的海中生活了。

底栖藻个体小者终生只有几厘米长,如丝藻;最长的竟达几百米,如巨藻。它们的形状有的像条带子,有的像片叶子,有的如树枝状,还有的像根绳子。它们都没有像陆生高等植物那样的根、茎、叶的区别,是根本不能开花结果的,它们的内部结构也较简单,有的藻类只有一层很薄的细胞,如礁膜;有的有两层细胞,如石莼;有的是中空管状,如浒苔;还有的藻体可分为外皮层、皮层和髓部,如海带、马尾藻等。因为它们大多味美可食,营养丰富,所以人们称它们是海中的蔬菜,是人们理想中的绿色食品。

302. 海中蔬菜知多少?

生活在海边的人们常能吃到的浒苔、石莼、礁膜等天然海菜,营养都十分丰富,尤其是石莼,俗称海白菜,是一种美味蔬菜。这些蔬菜的颜色相似,但藻体各异,如石莼成叶片状,边缘有波状皱褶;孔石莼似石莼,可叶片上有许多不规则的圆孔;礁膜幼时呈管状,稍大就纵裂为膜状叶片;蛎菜藻体深裂为瓣状,很像一朵绿色的重瓣花;浒苔则是管状单条或分枝。

裙带菜

鹿角菜

这些藻类,细胞内具有不同形状的色素体,有杯状、星状、环带状、螺旋状、网状等,在色素体内主要含有叶绿素 a 和 b,故是绿色的,另外含有叶黄素和胡萝卜素,它的光合作用的产物为淀粉。

褐藻体色是褐色,是因为在它的细胞里除了叶绿素外,还有一种褐藻素。仅褐藻就有 1500 多种,绝大多数生活在海里,如海带、裙带菜、鹿角菜等。海带不仅富含碘,而且还含有蛋白质、脂肪、糖、维生素等多种成分。它在海洋黑色食品中最为走俏,原因之一是当今蔬菜中海带的碱性较大。随着人们生活水平的提高,动物性食品日益增多,食物偏酸的倾向越来越明显,为了保持体液的弱碱性,减少人体中钙、镁等碱性元素的过多消耗,适当多吃一点碱性食物十分必要。总之,海带是养生保健、再现活力的食品之一。

红藻分布很广,约有4000种,也是由许多细胞构成的大型海藻,其中的紫菜、石花菜、麒麟菜、海萝等不仅营养丰富,而且宜于食用。总之,底栖海藻种类多,资源丰富,用途广泛,是一笔巨大的财富。

303. 裙带菜有什么妙用?

裙带菜是生活在海洋里的一种藻类,从外形看有点像一把大的破葵扇,也像裙带,俗称海芥菜。从营养上来看,它含有大量矿物质,尤其是碘、钙、铁含量很高。据测定,每100克干裙带菜含有50毫克的碘。

从医学角度来讲,甲状腺激素和性激素与碘的作用相关。平时大量摄取裙带菜以及其他海藻类的人,看起来就显得年轻,皮肤也红润。钙是维持骨骼和牙齿生长不可缺少的重要物质,特别是处于发育期的儿童、孕妇,摄取含钙量高的裙带菜好处尤为明显。铁是制造血液里红血球所必需的矿物质,并且与铜一起维持体内的氧化代谢。裙带菜里铁的含量很高,完全可以满足人体的需要。另外,裙带菜还具有降低血压和增强血管弹性的作用,同时也能促进人体的新陈代谢。

304. 紫菜有多少种?

紫菜是海洋中的低等植物,是红藻类的一种,它的叶盘片形状有圆形、椭圆形、卵形、心形、针形、竹叶形、带形、花朵形等，还有的是叉状裂片形的。

紫菜藻体一般呈深紫红色或黄绿色，多数由一层细胞、少数由两层细胞组成膜状的叶状体。据不完全统计，全世界有紫菜70余种，仅日本就有30余种。我国辽宁、河北、山东、江苏、浙江、福建、广东、海南沿海都有生长，共10余种，其中有食用价值的为条斑紫菜、坛紫菜、绉紫菜、甘紫菜、长紫菜和边紫菜等。条斑紫菜和坛紫菜是我国目前主要的栽培对象。福建、浙江多栽培坛紫菜，而山东、辽宁、江苏则多栽培条斑紫菜。

紫菜的藻体是由单层或双层细胞组成的叶状体，是著名的经济海藻之一，它不仅味美色艳，而且营养极为丰富。紫菜与其他食用藻类相比，最大的魅力就在于它含有丰富的蛋白质和维生素。紫菜的蛋白质容易为人体消化吸收，作为蛋白质来源，它是十分理想的食品。

305. 紫菜是怎样繁殖的？

紫菜的生活史比较复杂，100多年来，不少专家为弄清这个奥秘一直苦心钻研，现在，关于紫菜的生活史已经明确：它是由微观的丝状体阶段和宏观的叶状体阶段组成的。

原来，紫菜的繁殖分无性繁殖和有性繁殖两种。无性繁殖是由叶状体的营养细胞形成单孢子，成熟后散发出来，在适宜的条件下附着后萌发成新的叶状体，如甘紫菜、圆紫菜的度夏型小叶状体就能不断产生单孢子进行无性繁殖。有性繁殖是产生精子和卵子进行交配生殖，雌雄同株或雌雄异株。精子囊和果胞（卵细胞）都是由藻体边缘细胞转化而成。

叶状体成熟后可产生生殖细胞,雌的称果胞,雄的称精子囊。精子和果胞成熟后结合成合子(受精卵),然后合子又不断分裂形成果孢子,待成熟的果孢子脱离藻体钻入具有石灰质的贝壳等物体中期,萌发成丝状体。这种丝状体经过不断生长发育,到了一定时间,在上面产生出壳孢子囊,壳孢子囊再产生壳孢子,壳孢子在秋季从贝壳中放散出来,附到自然和人工基质上直接萌发成紫菜幼苗,再逐渐长大成为宏观紫菜叶状体。紫菜就是由叶状体到丝状体,由丝状体到叶状体,两者循环往复,一代代传下去。

306. 紫菜培养分哪两个阶段?

自从中外科学家研究阐明了紫菜生活史以后,20世纪50年代末到20世纪60年代,中国、日本均采用培养贝壳丝状体进行大规模"半人工采苗养殖"紫菜,取得了一定的成效。到了20世纪70年中期,又进一步推广"全人工采苗养殖"方法。这一技术包括采果孢子、培育丝状体、秋季采壳孢子后再下海培育叶状体等几项工作程序,每个程序均在全人工管理下进行。

也就是说,紫菜栽培技术包括丝状体的培养和叶状体的栽培两个部分,前者在陆地育苗室里培育,后者在自然海区进行,这是当今紫菜栽培生产的新技术。日本学者进行陆上栽培试验已基本成功,证明在特定的条件下也可以在陆上人工栽培紫菜。

307. 红藻喜欢在哪里生存？

红藻类植物有2500多种，它们的藻体有紫色、紫红色或米黄色；形状主要有丝状、片状或叶状，还有许多是囊状、管状、圆柱状或树枝状；生长在低潮线附近或低潮线以下的20米～30米地方。有些物种还可以在250米深的海里生长，常常成为深水植物群体中的优势物种。这些红藻之所以偏爱在海洋深处生存，是因为它们具有吸收短波光的光合色素——藻红蛋白。这种藻红蛋白能吸收波长为490纳米～510纳米的光。

射在海洋里的太阳光，一些长波短的光首先在海水表层就被吸收。在海水深度为25米时，入射光的波长范围在400纳米～600纳米之间，在水深25米以下，仅有波长为475纳米的蓝光透过，这正好符合了藻红蛋白可以吸收的范围。因此，红藻类植物也就成了"阴生植物"，不喜欢强光。

红藻中藻红蛋白的含量与其生活的水深和底栖环境有关，生活在越深的海水中，红藻的藻红蛋白含量就越高。而生活在潮间带的一些红藻，如紫菜，它的藻红素含量就比深海中的红藻少，外表看上去就是紫褐色的。

308. 螺旋藻属于哪一类？

螺旋藻是一种多细胞的丝状蓝藻，是低等海洋植物，喜欢生长在高温、碱性环境中，因其丝状体呈螺旋状而得名。营养学家通过研究惊奇地发现，螺旋藻简直是一个微型的营养宝库，现代人希望从自然界乃至全部食品中获得的必要营养，几乎都浓缩在螺旋藻里了。

谈起螺旋藻的营养价值,真是令人惊喜不已。1克螺旋藻所含的营养相当于1千克各种蔬菜的营养总和。螺旋藻中蛋白质含量高达70%,它的每单位重量所含的蛋白质比牛肉高出3倍。从螺旋藻中提取的粗蛋白中含有丰富的赖氨酸、苏氨酸和含硫基酸,这些营养成分又正是人们所食用的谷物蛋白质中所缺少的。富含胡萝卜素的食物可减少癌症危险,增强人体的自然抗癌能力,螺旋藻中胡萝卜素含量最丰富,是胡萝卜的10倍;并且它还含有丰富的维生素B系列(B_1、B_2、B_3、B_6、B_{12}),特别是维生素B_{12}的含量是动物的20倍。

螺旋藻非同寻常的价值还在于:螺旋藻中γ-亚麻酸是生成人体内多种荷尔蒙所必需的,在普通食物中极为少见。螺旋藻还富含钙、铁、锌、钾、核糖核酸、脱氧核糖核酸、多种酶以及其他多种元素。此外,叶绿素、叶黄素和蓝藻素的含量,也是其他植物无法与之相比的。

螺旋藻完全无毒,它体内多糖的细胞壁易于消化,无须特别处理就可食用,可以保持和增加体能而不增加体重,的确是一种理想的健美食品。它是一种广谱免疫系统促进剂,还可以抗疲劳。此外,对溃疡、贫血症、糖尿病、肝病、视觉不良等都有一定疗效,已被誉为"明天最好的食品"。

309. 海底草场有什么重要作用?

海洋中生长的植物除了低等植物——海藻外,还生长着一类高等植物——海草。海草是一类具有根、茎、叶分化的有花植物,大部分的外观形态比较相似,都有长而薄的带状叶子,如分布在温带的川蔓藻、大叶藻,以及分布在热带的泰来藻等,它们形成了生物量很大的海底草场。

海草的根系非常发达,它可以抵御风浪对近岸底质的侵蚀,对海洋底栖生物具有重要的保护作用。同时,通过光合作用,海草能吸收大量的二氧化碳,释放出氧气溶于水体,对水体中的溶解氧起到补充作用,改善鱼类的生存环境。更重要的是,它能为鱼、虾、蟹等海洋生物提供良好的栖息地和隐蔽场所。

海草床中生活着丰富的浮游生物,许多种类的海草还是海洋濒危保护动物的食物呢。

310. 巨藻是海洋植物之最吗?

巨藻是海藻个体中最大的一种藻类,堪称海洋植物之最。从海底到洋面,巨藻遍及北美洲西海岸、南美洲、南非、澳大利亚海岸,包括塔斯马尼亚岛、新西兰岛海岸延伸的广大海域。

如果有幸到海洋中参观藻林,那可一定是乐趣无穷的。那一株株、一片片的海藻,金光闪烁,巍然摇摆,犹如参天大树迎风飘荡,茂密繁盛,绵延不断,形成了一个神奇的奥妙无穷的海洋巨藻世界。许多鱼类在藻林中安家落户,海胆和鲍鱼把藻林作为粮食的仓库,藻林还是海豹、海狮、海獭经常光顾的别墅,海鸟更是林中常客,从而在藻林中形成了富饶美丽的生物群落。

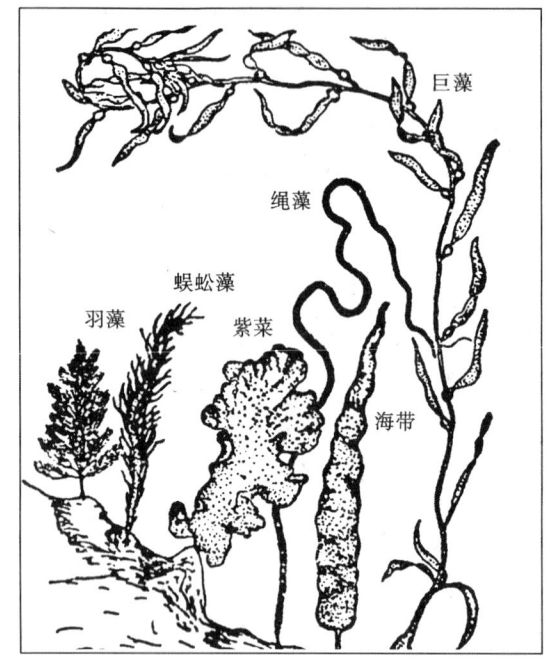

巨藻

谈起巨藻,它的一生中可是充满了情趣。它的前半生生活在人类肉眼看不见的微观世界,只有在显微镜下才能识别它们的庐山真面目。它产生于一种微小的孢子,着生在一种叫作孢子叶的特殊叶片上,当成熟孢子落水后,借助海流,漂泊四海,繁衍生息。一旦孢子选好滋生地,便开始繁殖成微小的雌雄两种藻体,藻体只有单细胞大小。

历经几个星期的生长变化后,它的雌雄两体便分别产生精子和卵子。雌性体首先使用一种性激素刺激雄性体释放精子,引导精子寻找卵子而受精,受精后胚胎缓慢长大,由此才逐渐长成了我们肉眼看到的巨藻,藻体的后半生看上去可是颇为壮观的了!

311. 巨藻有什么用途?

巨藻是人类不可多得的一种巨额宝藏。巨藻林内具有丰富的渔业资源。巨藻曾经长期是太平洋沿岸土著美洲人的食盐、食物、药品和渔具的源泉。早在17世纪,聪明的航海家们便借助于巨藻引导航行,因为他们懂得,一旦出现巨藻冠状层,便意味着海底下藏着浅礁。1914年,美国加利福尼亚人已开始大规模地收获和加工利用巨藻了。

第一次世界大战期间,德国对美国实行钾碱禁运,这样就迫使美国科学家用巨藻体提取氯化钾生产肥料和火药。据统计,第一次世界大战期间,仅加利福尼亚一个州就从海洋中收获了150万吨巨藻,这一纪录至今未被打破。

巨藻——巨额宝藏

今天,人类看重海藻体已不是它的钾碱了,而是藻朊胶液。这种胶液可以广泛用于制造医药制品、补牙剂、黏合剂、稳定剂、乳化剂、化妆品、肥皂、模制材料以及鲍鱼饲料等许多产品。

312. 红树林怎样在海浪中成长壮大？

红树是可以在热带、亚热带的潮间带和潮下带浅水区生长的物种,它的根系部位非常引人注目,从它那茎的底部(老根)长出的密集的支柱根,能牢牢地扎入淤泥中,起到牢固的支撑作用。还有一些根是从茎的底部长出,形成直立向上的呼吸根。组成这些根的细胞都具有发育良好的通气组织,具有非常多的空隙,有利于根系统的气体交换。

红树另外一个普遍特性就是"胎生现象"。它生成的种子在还没有落下时,就已经在果实中发芽了。当幼苗落下后,在随水漂浮中,芽根也慢慢地向下弯曲,当到达海底有泥的地方就可以扎根生长了。尽管红树林生长的环境到处是水,但这些水却是咸的。实际上,红树自生长非常缺

红树

水,因此它的叶片表现为旱生植物的特征,具有比较厚的角质层,表皮内含有较多的排水器结构,可以从吸收的海水中通过叶片排除多余的盐分。有的叶片下面还具有厚

厚的毛,可以阻止水分的挥发。

313. 红树是海岸卫士吗?

从我国的浙江、福建、台湾、广东、广西,直到海南省沿海,有一座座绿色长城防护着我国东南海岸,它就是被人们誉为"海岸卫士"的红树林。

红树林——"海岸卫士"

红树林不是单一树种的名称。它们是生长在热带、亚热带的河口、海湾、潮间带的常绿木本植物群落。它们既有高达40米的乔木,也有矮小的灌木。大致分布在北纬32度至南纬38度之间的各个海域。因为它们的树皮能制造棕红色的染料,所以取名"红树"。

茂密的红树林不但能抗拒狂风巨浪对海岸的袭击,还能扩展海岸。中国红树林资源一段时间曾遭严重破坏,以海南省为例,20世纪60年代约有1万公顷,到1985年仅剩下0.5万公顷。1980年9月21日,9号台风袭击北海市达到24小时,降雨量330毫米,沿海400多千米海堤决口千余处。距英罗港不远的竹林盐场堤垮成灾,而山口镇沿岸因有红树林保护,海岸堤坝基本上没有受损。由此可见红树林的固岸护堤作用。

314. 红树林在海洋生态系统中有什么重要作用?

红树林是热带和亚热带海滩上特有的丛林,是海洋中最具特色的湿地生态系统,具有非常丰富的生物多样性。我国红树林主要分布于海南、广东和广西的海岸,尤其是海南岛的红树林几乎包括了我国红树植物的全部种类。

红树林下生活着多种多样的海洋生物,如绿藻、红藻、硅藻、甲藻等藻类,水母、桡足类等浮游动物,贝类、甲壳类、鱼类等多种大型动物。每年候鸟迁徙季节,大量南来北往的候鸟将红树林作为迁徙路上的驿站或越冬栖息地。枝繁叶茂的红树林不仅为这些生物提供了一个理想的栖息环境,还为它们提供了丰富的食物来源,形成并维持着一个食物链关系复杂的生态系统。

红树林是海岸带的防护林,具有保护海岸、滩涂的作用,对调节热带气候和防止海岸侵蚀有着重要作用。红树林下的微生物能够吸收有毒的重金属,从而达到净化海洋环境的作用;红树林植物还能通过发达的根系网罗碎屑,促进土壤的形成,同时过滤海洋垃圾,富集重金属和吸收某些放射性物质,从而净化水质。

315. 红树林怎样繁殖?

红树是生长在热带、亚热带海岸泥沼地带的一类小乔木,海滩泥沼松软,又经常遭受海潮的冲击,一般的植物根本无法立足。红树有发达的根系,在树干上还有许多纵横交错的支柱根垂到海涂中,除支撑树体外,还起着通气和呼吸的作用。

红树林采取"胎生"繁殖方式,即种子成熟后,先在树上萌发抽芽,然后离开母体,落地生根,长成幼树。有的种子随水漂流,遇土自安,茁壮成长,故有"生命之树"之誉。

红树开花后生出倒梨形的果实。果实成熟后,种子就在果内发芽,长成圆柱状的棒,长可达20厘米～40厘米,宛如许多绿色的长豆角,挂满枝头。待胚发育成熟,它就从母株上脱落,靠重力下坠,直插在海边的烂泥上。几小时后它就长出了根,开始成为一株幼树。那些不能插入泥中的红树苗,自然就会随波逐流,漂泊到另一片海滩扎根,随遇而安。幼树苗含有丰富的单宁,可以防止腐烂和被海里的动物吃掉。由于红树有胎生的本领,因此可以不断繁殖,在海滩形成大片大片的红树林。

红树的根能抵抗盐分,并从海水中吸收养分。它的叶子很硬,有很厚的蜡质表皮和反光的结构,可以保持体内的水分。叶片中的排盐腺能把多余的盐分排出体外,人们因此把红树称为"植物海水淡化器"。科学家们正在探索红树脱盐生理机制的奥秘。

红树林可使海岸带土地稳定,避免水土流失;调节气候,净化空气,美化环境。红树林是鸟类栖息的天堂,是鱼、虾、蟹、贝的乐园。红树林能把海水中的沉淀物固定起来,加上落叶、鸟粪等腐殖质的聚集,天长日久便形成了新的小岛或陆地。红树根从海底土壤汲取养分,而它的腐烂枝叶又作为鱼、虾的饵料。红树林还为海边的鸟类、鱼、虾和蟹提供了生息繁衍的场所,成为维持海岸生态平衡的基地。

编后记

世界的未来是青少年的,而世界未来的希望在海洋。21世纪的今天,世界已经进入全面开发和利用海洋的新时代。

在我国青少年中全面、系统地开展海洋知识的普及教育,以适应国际形势变化的需要和未来人类社会发展的需要,是我们当代海洋科技教育工作者的责任和义务。有感于此,我们来自国家机关、高等院校、科研院所、军事机构等40多位海洋科技工作者,花费了三年多时间,精心策划并编撰完成了我国有史以来第一部海洋知识体系最完备、内容最全面的科普图书。

《海洋小百科全书》共20分册,300余万字,110个知识大类,总7000余个知识问答,几乎涵盖了海洋自然科学、海洋人文科学、海洋军事科学的全部基本内容。本书第一版由中国少年儿童出版社于2002年5月出版,2003年9月荣获由中共中央宣传部等国家7个部门联合颁布的"第五届全国优秀科普作品奖科普图书类三等奖"。本书于2007年10月修订再版,现再次修订,由中山大学出版社出版。本次修订在保持原有知识体系和编写风格基本不变的情况下,除进行必要的知识内容更新外,又新增加了《海洋经济》分册,使《海洋小百科全书》的知识体系进一步完备,知识内容更加丰富。

本书自2002年5月出版至今,一直得到社会的普遍关注和广大读者的厚爱,在此,一并向曾经对本书编撰、出版、发行、修订等作出过贡献的人们表示衷心的谢意。

由于本书涵盖的知识内容宽泛,编写任务十分繁重,难免有知识遗漏和编写不当之处,欢迎广大读者提出宝贵的意见和建议。

《海洋小百科全书》主编:关庆利
2010年9月24日

《海洋小百科全书》分类目录

(20分册·110类)

1 海洋地理
 海洋地理大观
 世界海岛揽胜
 海洋地理趣闻
 奇妙海底世界
 海洋地质灾害
 神奇中国岛岸

2 海洋水文
 多姿多彩的海洋
 海水的自然神韵
 海洋与人类互动
 探测海洋的波脉

3 海洋气象
 走近海洋风暴
 探寻海洋天气
 感受海洋冷暖
 变换海洋风雨
 领悟沧海桑田
 俯观海气轮回

4 海洋探险
 古代海洋探险
 近代海洋探险
 现代极地探险
 环球海洋风采

5 海洋航运
 船舶千秋史话
 航海妙趣万千
 惊涛铸造奇闻
 中国航运今昔
 船运业务趣谈

6 极地科考
 挑战人类的环境
 不可争夺的领土
 南极人的生活
 南极生物奇趣
 揭开奥秘的考察
 北极世界的探索

7 海洋生物
 无限生机的海洋
 迷人的海洋奇葩
 璀璨的贝类明星
 威武的虾兵蟹将

微小的海洋居民
多彩的海洋植物

8　海洋动物
奇妙的动物家族
高超的生存技巧
神秘的自然之谜
复杂的生存关系
多彩的情爱生活
狰狞的危险动物
友善的人类朋友

9　海洋渔业
千姿百态捕鱼技术
海洋渔业发展史话
名贵海产品趣味谈
海产品美食与营养
海产品保健与药用

10　海洋化学
海水的趣味故事
海水的化学秘密
海水的化学资源
无尽的海底宝藏
流泪的海洋环境

11　海洋物理
妙趣横生海洋物理
威力无比海洋声学

奇光异彩海洋光学
探索海洋高新技术
四通八达海底电缆
准确无误导航技术

12　海洋工程
人类水下生活
探索海底世界
雄伟近岸工程
海上铸造希望
港口飞架彩虹
旅游方兴未艾
无尽海洋能源

13　海洋科教
著名的海洋科学家
世界海洋科技之最
重大海洋科学考察
世界海洋科研教育

14　海洋权益
蓝色的海洋国土
繁杂的海域划分
激烈的海洋争斗
独特的海运规则
严格的船舶管理
复杂的海事纠纷
神圣的海洋权益

15 海洋经济
　　海商奠基帝国兴起
　　追寻民族海商踪迹
　　当代海洋经济概览
　　日新月异朝阳产业
　　夯实蓝色经济基石
16 海洋文学
　　中国古代海洋文学
　　中国现代海洋文学
　　外国古代海洋文学
　　外国现代海洋文学
　　中外海洋影视文学
17 海洋文化
　　海洋神化故事
　　海洋语言文字
　　海洋绘画名作
　　海洋雕塑艺术
　　海洋音乐经典
　　海洋民俗风情

　　海洋著作学说
18 海军兵器
　　凶悍的汪洋猛鲨
　　奇妙的掠波剑鱼
　　神秘的龙宫巨鲸
　　无敌的长空雄鹰
　　未来的海战新秀
　　难忘的千年风流
19 古今海战
　　古代海战追踪
　　近代海战掠影
　　"一战"群雄争霸
　　"二战"邪灭正兴
　　现代海战大观
20 海洋军事
　　海军兵力纵横
　　海军礼仪风采
　　海军名人传奇
　　海军趣闻轶事